恐龍生存的時代

約46億年前

地球誕生

約2億5200萬年前

三疊紀

恐龍登場！

三疊紀是地球風貌驟變的時代，許多在此之前存在的生物滅絕，恐龍就在這個劇烈變動的時期登場。

約2億100萬年前

侏儸紀

一部分的恐龍
演化成鳥類的祖先！

地球的氣候在侏儸紀逐漸變得溫暖，植物遍及世界各地，食物豐沛無虞，植食性恐龍也在此時繁衍興盛。

約1億4500萬年前

白堊紀

各種恐龍
活躍的時代！

盤古大陸分裂，演變出各種不同的陸地環境。不只是植物和小動物的種類增加，恐龍種類也越來越多。

恐龍生存的三個時代，統稱為「中生代」！

約6600萬年前（恐龍大量滅絕）

除了部分演化為鳥類之外，地球受到巨大隕石撞擊，導致絕大多數的恐龍滅絕。

人類生存的現代

從現代往回看，恐龍生存在極為遙遠的遠古時代。多虧專家學者積極研究，我們才得以一窺恐龍的樣貌與生活方式。說不定正在閱讀本書的你，也會在未來提出重大發現喔！

興盛時期超過1億年！

哇！到處都是恐龍！
由於恐龍存在的歷史悠久，因此演化出各種不同的外型！

儘管大多數恐龍已經滅絕，但恐龍從三疊紀後半到白堊紀末期約 1 億 7000 萬年間，是地球上種類繁多的生物。人類大約出現在 700 萬年前，歷史上恐龍存在的時間是人類的數十倍，也曾經是主宰地球的王者！

地球樣貌逐漸改變

在地球歷史中，大陸板塊不斷變動，有時相連、有時分裂，每次都會導致生物的生存環境產生各種不同的變化。恐龍生存時的高山形狀、氣候與植物樣貌與現在截然不同。如果有人拍下當時的照片，看在現代人的眼裡，一定會覺得那是另一個星球的風景照。

一想到當時的地球環境和現在截然不同，就覺得不可思議……

大陸的變化

大陸受到地殼變動的影響，不斷重複相連與分裂的過程。

三疊紀初期

所有板塊集結在一起形成一整塊大陸，名為「盤古大陸」。

三疊紀後期～侏儸紀

盤古大陸分裂。

白堊紀

越來越接近現今地球的地貌。

隨著時代不同，不只是陸地形狀改變，地球的大氣溫度與氧氣量也會產生變化。由於恐龍的身體構造可適應不同時代環境，因此只有恐龍倖存下來。

哆啦A夢 DORAEMON

科學大冒險

穿梭恐龍異時代

角色原作：藤子・F・不二雄　漫畫：藤赤正人
譯者：游韻馨　台灣版審訂：顏聖紘

哆啦A夢科學大冒險

穿梭恐龍異時代

目錄

出現了！

牠們是曙奔龍，
大小和鴨子差不多。

那個恐龍的頭型好奇怪！
那是厚頭龍。

變成傷齒龍了！

這是生長在蒙古的鐮刀龍喔！

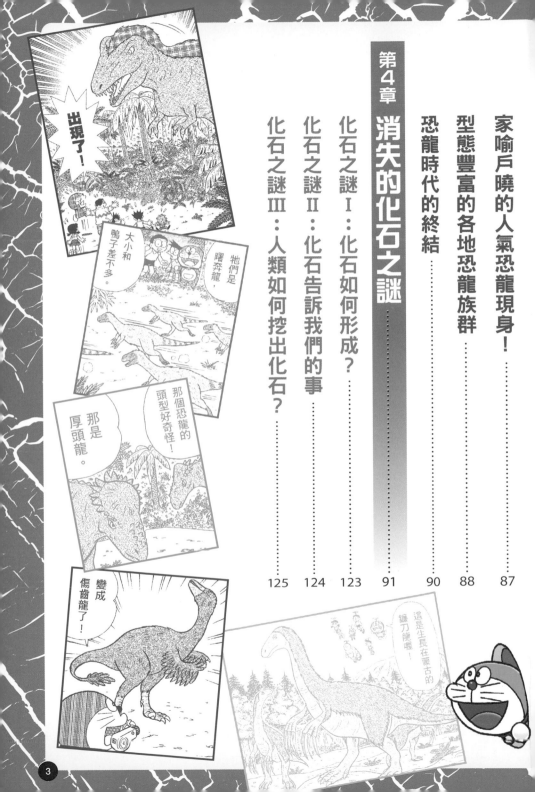

距今約
六千七百萬年前
……

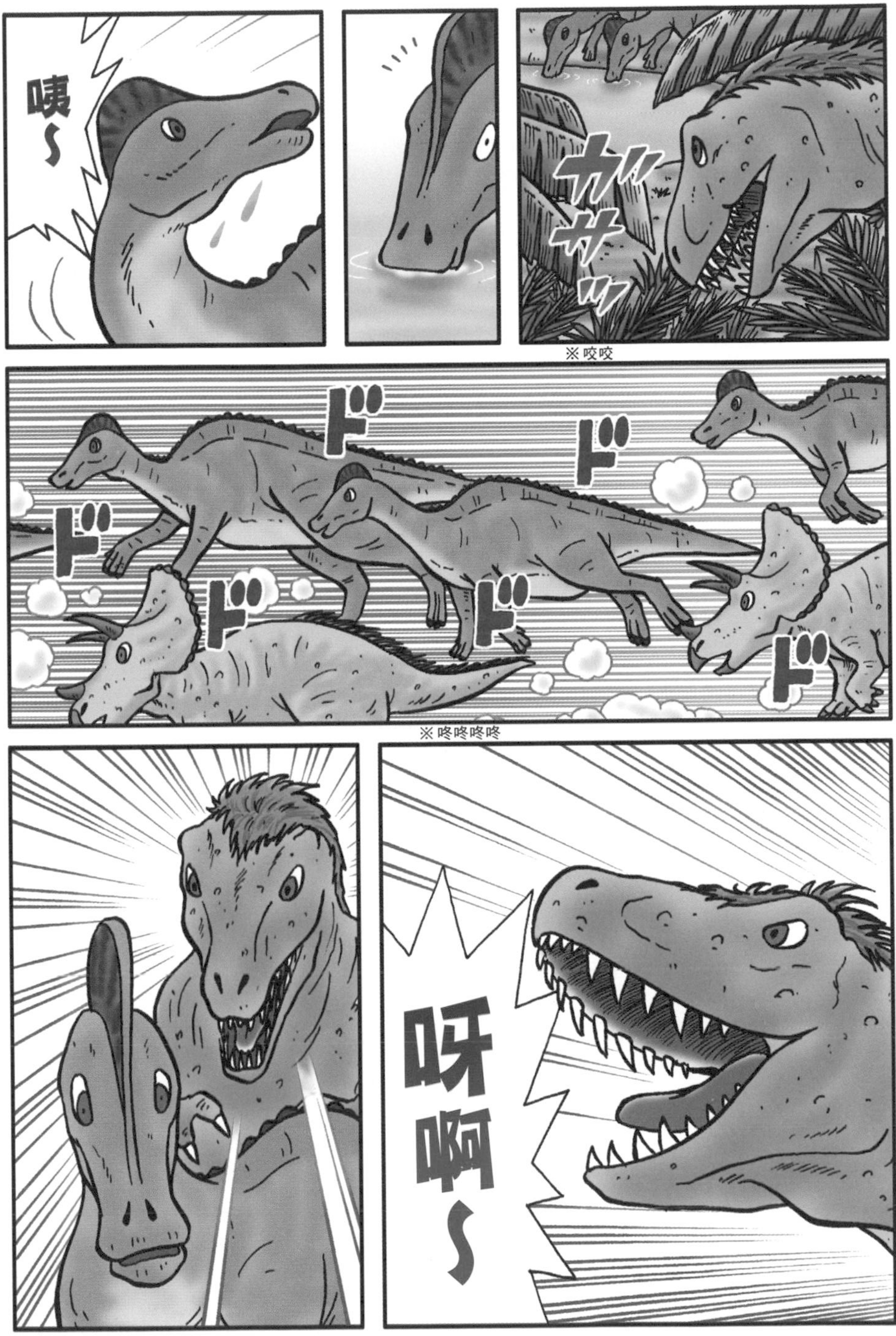
ガサッ
※咬咬
咦～
ドドドドドドド
※咚咚咚咚
呀啊～

第 1 章

恐龍誕生！

怎麼樣？用大螢幕電視看，很震撼吧？
我看這附近應該只有我家有這麼大的電視機吧！
又來了，小夫總是愛炫耀。
沒想到地球曾經有過這麼大的恐龍，
真是不可思議！
不是啦，是因為電視螢幕很大才會這樣。

影片裡有比公車還大的恐龍呢！
那也是因為電視螢幕很大，看起來才那麼大。
要是現在還有恐龍，不曉得會怎麼樣？
我想養恐龍當寵物！
對了！我們去請哆啦A夢幫忙，讓他變出恐龍來。
好耶！
別鬧了！
咦？他們都走了？
等等我，我也要去！

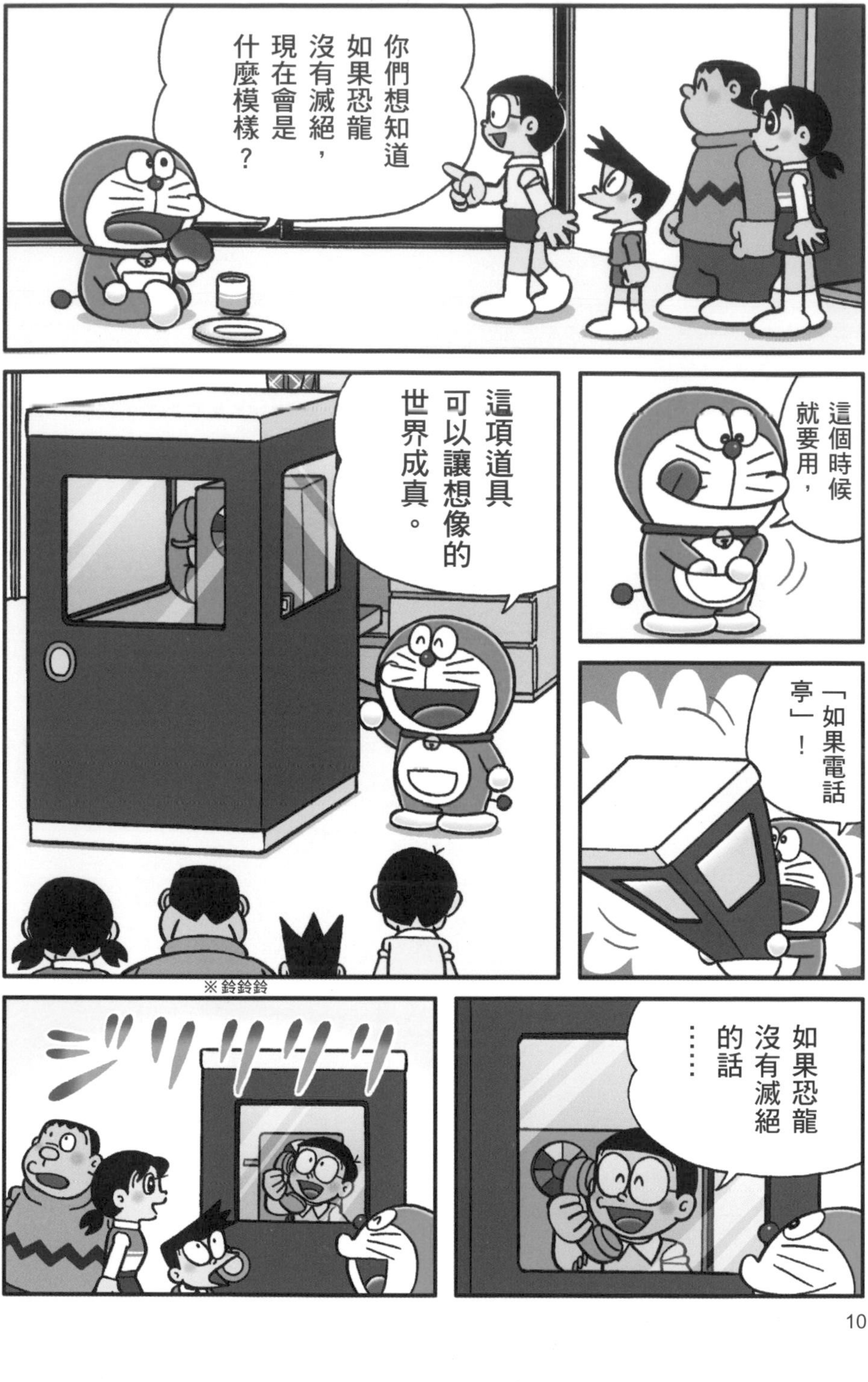
你們想知道如果恐龍沒有滅絕，現在會是什麼模樣？
這個時候就要用，
「如果電話亭」！
這項道具可以讓想像的世界成真。
如果恐龍沒有滅絕的話……
ジリリリリリ
※鈴鈴鈴

這代表外面已經有恐龍囉。
不曉得外面變成什麼樣子了。
趕快出去看看！
怎麼都沒看到恐龍呢？
請問一下，這附近有恐龍嗎？
什麼？
呃！

哇啊啊！
猴子竟然會說話？
怎麼了？
發生什麼事了？
他們是恐龍人！
還有會說話的狸貓呢！
我才不是狸貓！
這不是重點，快逃啊！

※ 鈴鈴鈴鈴鈴

經過了六千七百萬年，恐龍隨著時間進化了。
如果恐龍沒有滅絕，是不是有可能會演化成恐龍人呢？
這個假設也有可能發生。
可是，恐龍會演化成跟人類一樣的外型嗎？
哺乳類一開始出現時，外觀也跟現在完全不一樣呢！

這是因為動物會不斷分支演化，所以外觀也會跟著改變。
真的嗎？
想知道答案，不如一起去哺乳類和恐龍祖先同時存在的時代看看？
走吧！走吧！
不要壓我的頭！
哆啦A夢，我們要去哪裡？
我們要去兩億三千萬年前，三疊紀後期！

這裡就是三疊紀喔！
這裡不曉得會有什麼樣的生物？
※奔竄
有老鼠！
哇啊！
チョロッ

三疊紀也有老鼠嗎？
這是早期的犬齒類動物。
說的也是，不可能有老鼠，不要嚇我啦！
牠是現在所有哺乳類的祖先喔！
好可愛。
牠竟然是我們的祖先，太驚人了。
這個時代也有恐龍的祖先，對吧？
沒錯。
啊！那個是不是恐龍的祖先？

※格洛斯特喙頭蜥（*Clevosaurus*）。

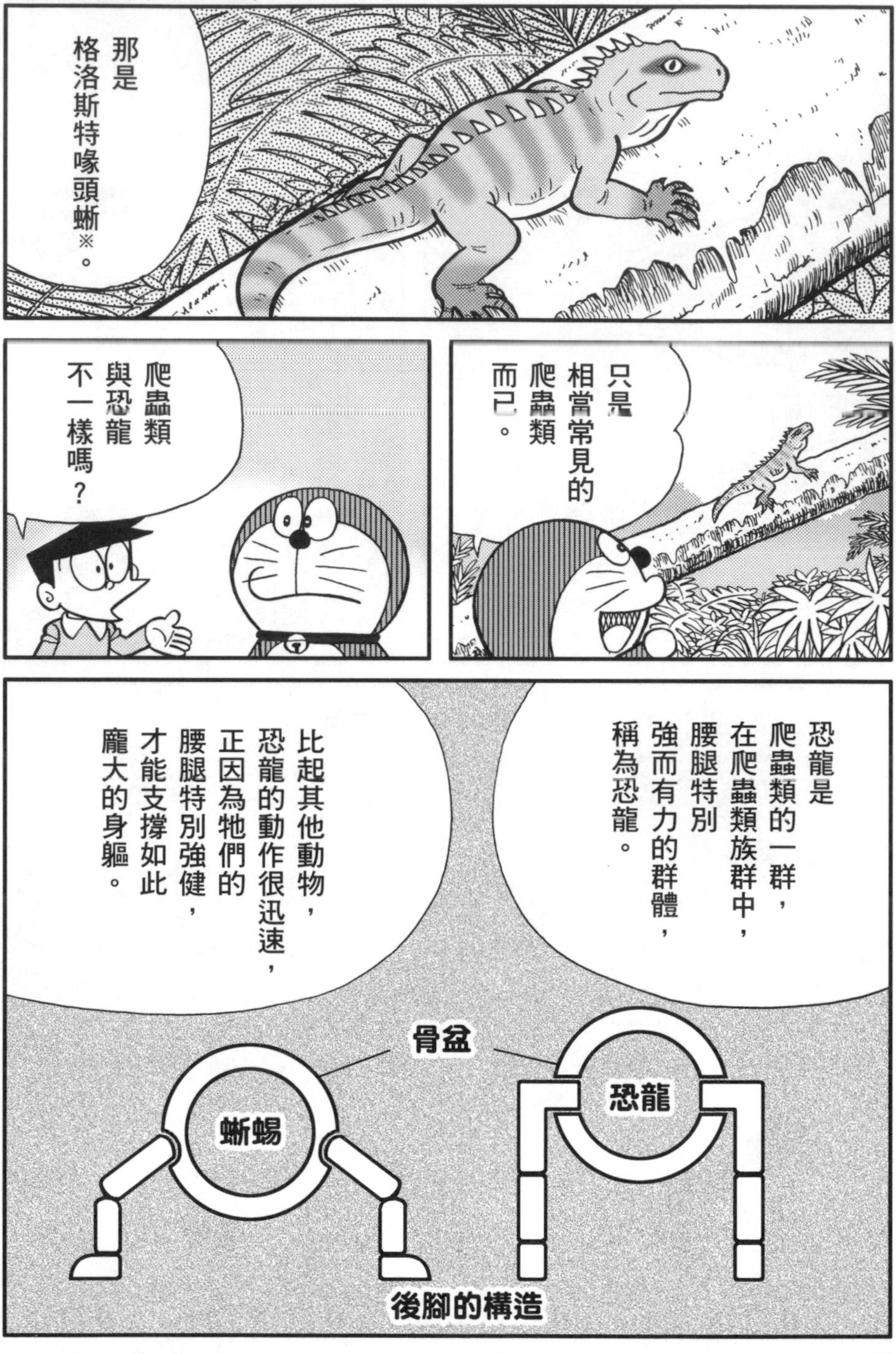

那是格洛斯特喙頭蜥※。
只是相當常見的爬蟲類而已。
爬蟲類與恐龍不一樣嗎？
恐龍是爬蟲類的一群，在爬蟲類族群中，腰腿特別強而有力的群體，稱為恐龍。
比起其他動物，恐龍的動作很迅速，正因為牠們的腰腿特別強健，才能支撐如此龐大的身軀。
骨盆
蜥蜴
恐龍
後腳的構造

※爬蟲類的詳細介紹請見34頁。

我看看，
那就是最早的獸腳類恐龍之一。
牠們是曙奔龍，
大小和鴨子差不多。
※砰
ゴン！
滾
滾
滾
哈哈哈，笨手笨腳的，和大雄一樣！

糟了，牠和同伴走散了。
※蜥鱷的學名為Saurosuchus。
啊！蜥鱷※來了！
牠是大型食肉性爬蟲類，
正準備獵捕曙奔龍，飽餐一頓。
※吼～
クワァー…ッ
※跳躍
ババッ

那隻曙奔龍跟我一樣笨手笨腳，一定會被吃掉！
哆啦A夢，你快想想辦法。
知道了。
「空氣槍」。
交給我來射擊！
砰！

※擊中
ドシャン
※摔倒
太好了，大雄！
你唯一的長處就是很會玩翻花繩和射擊。
剛剛真的好驚險喔！
明明是恐龍，卻這麼弱小沒用，
真的跟大雄一模一樣呢！

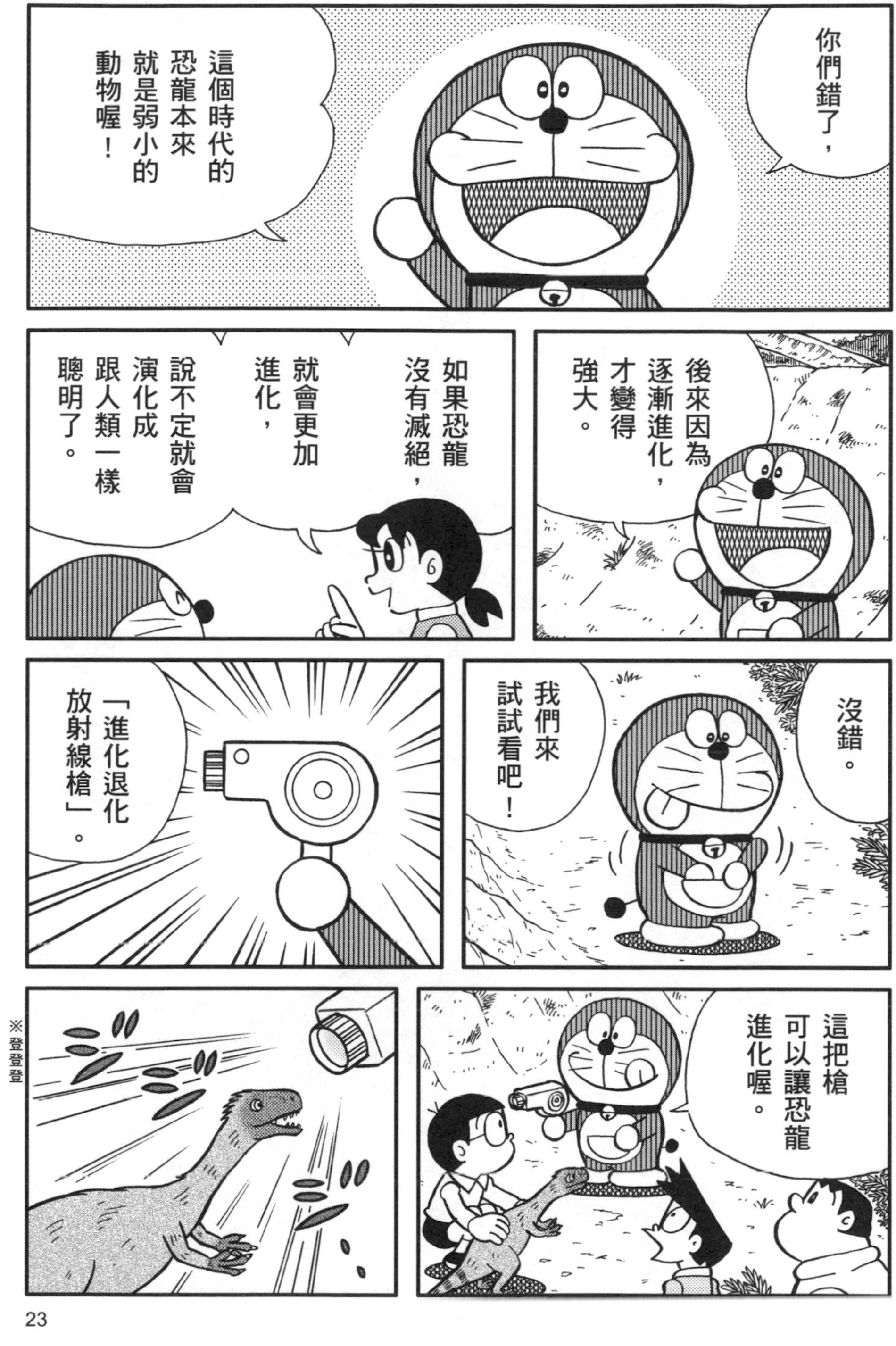
你們錯了，
這個時代的恐龍本來就是弱小的動物喔！
後來因為逐漸進化，才變得強大。
如果恐龍沒有滅絕，就會更加進化，
說不定就會演化成跟人類一樣聰明了。
沒錯。
我們來試試看吧！
「進化退化放射線槍」。
這把槍可以讓恐龍進化喔。
※登登登

變成傷齒龍了！
這樣的話，讓牠繼續進化也沒關係。
什麼意思？
根據研究，在恐龍族群中，傷齒龍的腦比其他恐龍還大。眼睛也很大，視力良好，眼睛可以直視前方，具有立體的視覺功能，可以建立三度空間的感覺。

讓牠繼續進化吧！
※登登登登
※登登登登
變成恐龍人了！

你還是個孩子呢！
馬上就黏著大雄不放。
牠還記得大雄幫助過牠。
幫牠取個名字吧！
牠原本是傷齒龍，就叫牠「阿齒」吧！好不好？
好啊！
阿齒，請多多指教！
牠跟你一樣笨手笨腳，叫「阿恥」剛剛好，人如其名啊！
ムッ
踢！
※ 怒瞪

你這個渾蛋！
喘
喘
喘
牠跑得那麼慢，
怎麼我會跑不過牠，也抓不到牠呢……
話說回來，怎麼感覺好像喘不過氣啊？
三疊紀的氧氣含量很低。
阿齒看起來很正常呢！
這就是恐龍後來繁衍興盛的原因。

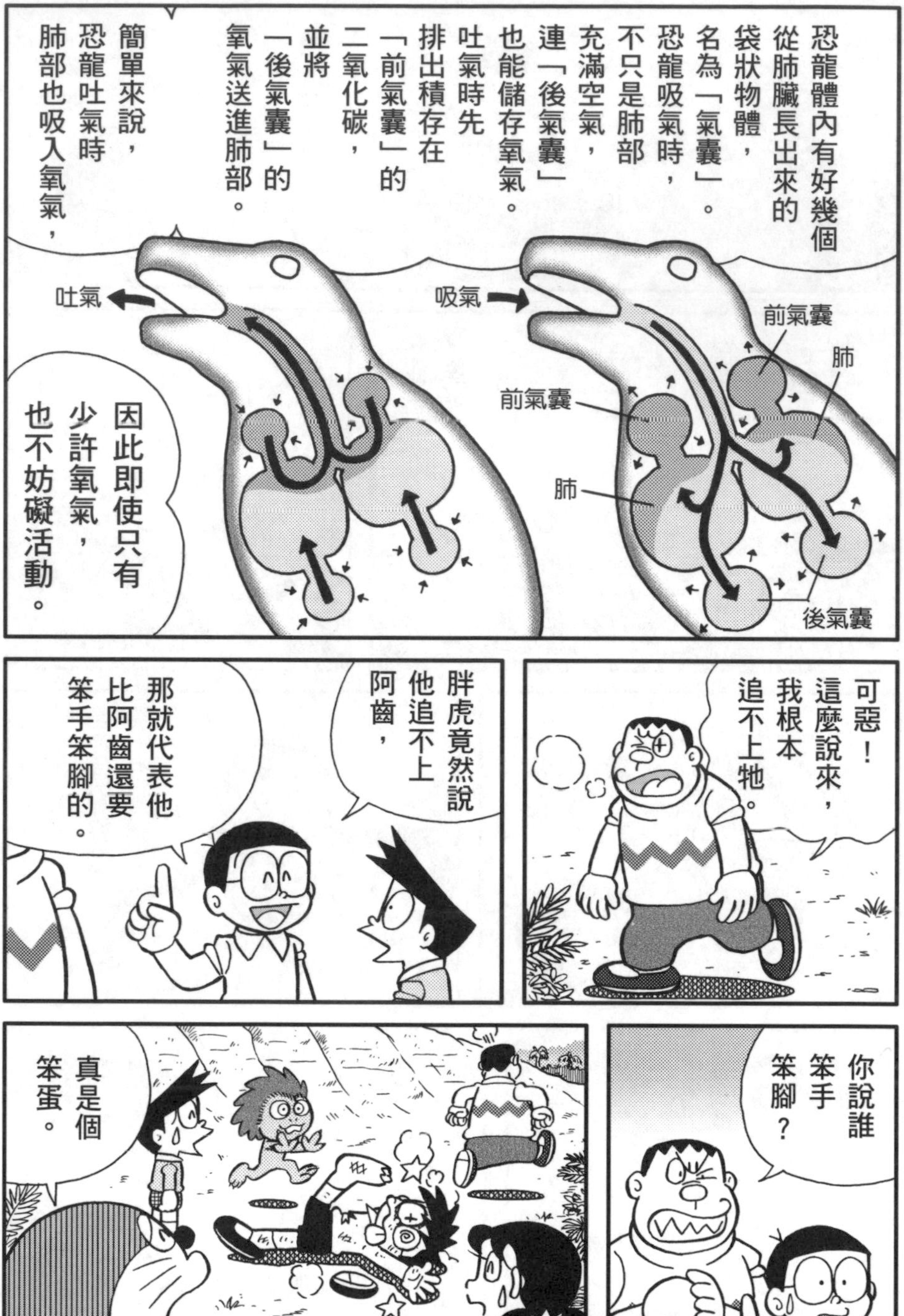
恐龍體內有好幾個從肺臟長出來的袋狀物體，名為「氣囊」。恐龍吸氣時，不只是肺部充滿空氣，連「後氣囊」也能儲存氧氣。吐氣時先排出積存在「前氣囊」的二氧化碳，並將「後氣囊」的氧氣送進肺部。
簡單來說，恐龍吐氣時肺部也吸入氧氣，
吸氣
前氣囊
肺
前氣囊
肺
後氣囊
吐氣
因此即使只有少許氧氣，也不妨礙活動。
可惡！這麼說來，我根本追不上牠。
胖虎竟然說他追不上阿齒，
那就代表他比阿齒還要笨手笨腳的。
你說誰笨手笨腳？
真是個笨蛋。

換句話說，只要能適應環境，物種就能繁衍興盛。
沒錯！
不過恐龍繁盛還有另一個主因。
那就是恐龍的尿液量很少。
什麼意思？
恐龍的尿液不是液體，而是小型的白色硬塊。恐龍會等到尿液變成硬塊才排出，利用這個方法盡量避免體內水分流失。
由於體內水分不會排出體外，可以留住所有水分，
因此恐龍可以在這個氣候乾燥的時代平安生活，順利繁衍。
原來是這麼一回事啊！
不過，我不是恐龍，我要尿尿。
我也要。
我也要。
討厭啦！

話說回來，怎麼沒看到大型恐龍？
因為大量出現大型恐龍的時間，
是在侏儸紀時代以後。
好想看喔！
我也是。
我也是。
這樣的話，要先讓阿齒恢復原狀…
什麼？
不要啦！
阿齒跟大雄已經培養出深厚感情了。
帶阿齒一起去侏儸紀時代，好不好？
可是…

好吧，之後再恢復原狀就好。
太好了！
クシュン
※哈啾
對了，阿齒沒有穿衣服呢。
「更衣照相機」。
讓我幫你穿上衣服。
カシャ
※喀嚓
パッ
※登登
現在就出發去侏儸紀吧！

恐龍登場的
三疊紀世界

三疊紀是恐龍首次出現在地球上的時代，最初誕生的是小型肉食恐龍。

三疊紀的地球

三疊紀初期，地球上的陸地皆為一個相連板塊。由於內陸距離海洋很遠，大多是氣候乾燥的沙漠，大部分動植物棲息生長在沿海一帶。

三疊紀的特徵

- 廣大的沙漠
- 氧氣濃度低
- 針葉樹較多
- 恐龍誕生
- 哺乳類誕生

腔骨龍

體型修長，奔跑速度很快，善於狩獵的恐龍。出現在三疊紀後期，族群廣布全世界。

●全長／約2.5m～3m ●食性／肉食性
●發掘地／美國

「三疊紀」名稱的由來

三疊紀的「三疊」指的是由三種顏色的地層交疊之意。三疊紀時代的劃定依據來自於德國南方的地層，該地層是由紅色砂岩、白色石灰岩與褐色砂岩等三層岩層交疊而成，因此得名。

恐龍引領的新時代就此展開！

我們對於遠古時代的稱呼，通常來自於挖掘出的化石是否產生巨大變化。簡單來說，生物的大量滅絕與新生物登場，都是時代更迭的關鍵條件。

在三疊紀之前的時代，也就是二疊紀末期，地球上的生物種有九成以上滅絕。由於這個緣故，三疊紀誕生了許多新的物種，其中包括恐龍。不過，三疊紀的恐龍體型大多偏小，一點也不起眼。當時主宰地球的是體型接近鱷魚的大型爬蟲類，這些爬蟲類會攻擊捕食其他動物，恐龍應該也是牠們的食物來源之一。

剛誕生的各種恐龍

距今超過 2 億 3000 萬年前，剛誕生的恐龍擁有強健的腰腿，是一種動作十分迅速的小型生物。到了三疊紀後期，開始出現體型較大的恐龍。

恐龍前身的爬蟲類

馬拉鱷龍

體長約30cm的爬蟲類，擁有發達的雙足。

艾雷拉龍

最古老的恐龍之一。以三疊紀時代的恐龍來說，艾雷拉龍體型偏大，擁有強力的下顎與刀子般的牙齒。

●全長／約4m
●食性／肉食性
●發掘地／阿根廷

始盜龍

同樣為最古老的恐龍之一。擁有葉狀臼齒，不只吃小動物，也吃植物。

●全長／約1m
●食性／雜食性
●發掘地／阿根廷

板龍

擁有長長的頸部和尾巴，是三疊紀體型最大的恐龍。以葉狀牙齒吃植物。

●全長／約8m
●食性／植食性
●發掘地／德國、法國、瑞士、格陵蘭

※人類與恐龍的體型比較圖，係以身高120cm的兒童為比較標準。

遍及陸海空的
各種爬蟲類

蜥鱷

屬於鱷魚的近親，也是三疊紀體型最大的陸生肉食爬蟲類。光是頭骨就有60cm左右，擁有鋸齒狀的牙齒。

●全長／約6m～9m
●食性／肉食性
●發掘地／阿根廷

三疊紀的爬蟲類體型相當巨大，現代人難以想像，牠們不只生活在陸地，也生活在水中與空中。即使在三疊紀之後，爬蟲類依舊稱霸整個中生代，空中有翼龍，海中則有蛇頸龍和魚龍，欣欣向榮，生生不息。

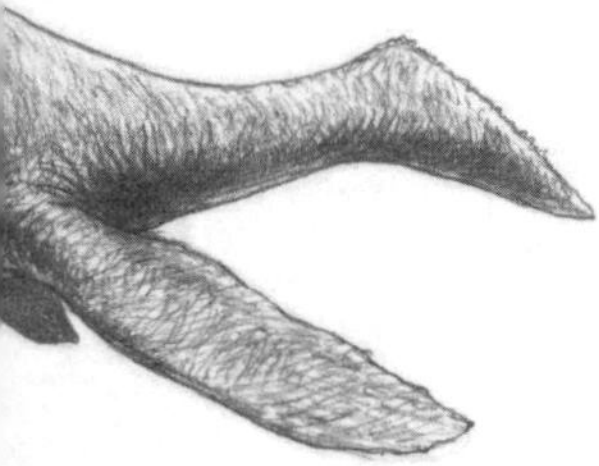

●全長／約15m～21m
●食性／肉食性（主要為花枝）
●發掘地／美國、加拿大

秀尼魚龍

體型最大的魚龍。經過演化，成為魚龍目中最會游泳的魚龍，身形近似現代的海豚。

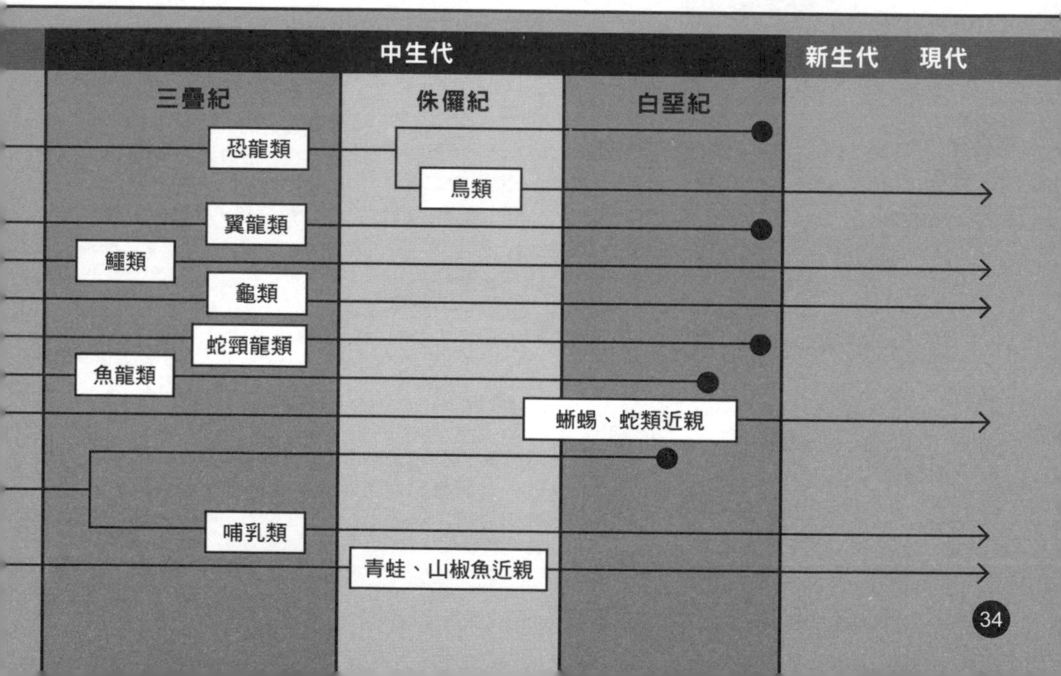

小型哺乳類的誕生

哺乳類是在二疊紀（三疊紀之前的時代）倖存下來的少數獸孔目動物進化而成，於三疊紀後期現身世界舞台。專家認為最早出現的哺乳類就像鴨嘴獸一樣，屬於卵生哺乳動物。

沛溫翼龍

長尾為最大特徵，歷史最悠久的翼龍。大小近似鴿子，展翼長約為45cm。

- ●全長／約45cm
- ●食性／肉食性（魚和昆蟲）
- ●發掘地／義大利

犬齒類動物

目前已知的早期犬齒類動物，全長約15cm，外觀近似老鼠。

- ●全長／約15cm
- ●食性／肉食性（昆蟲等）
- ●發掘地／美國

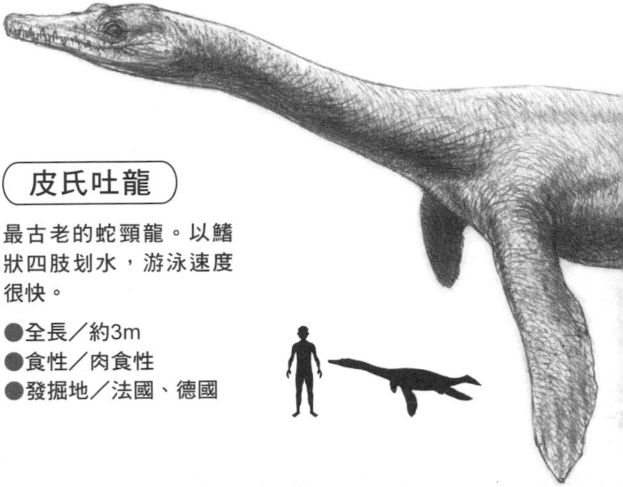

皮氏吐龍

最古老的蛇頸龍。以鰭狀四肢划水，游泳速度很快。

- ●全長／約3m
- ●食性／肉食性
- ●發掘地／法國、德國

恐龍與現代生物的關聯

古生代

誕生於大約 3 億 8000 萬年前的兩棲動物，慢慢從水中進入陸地生活。牠們的後代子孫歷經了哪些分裂演化的過程？

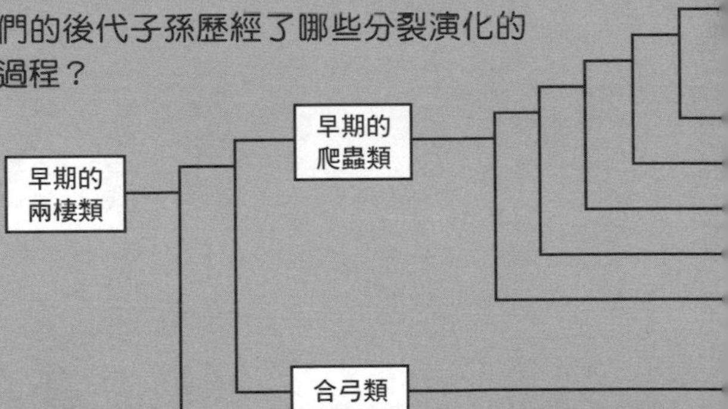

侏儸紀到囉！
這隻是植食性恐龍，名字叫做超龍。
好大啊！

第2章

巨型化的各種恐龍

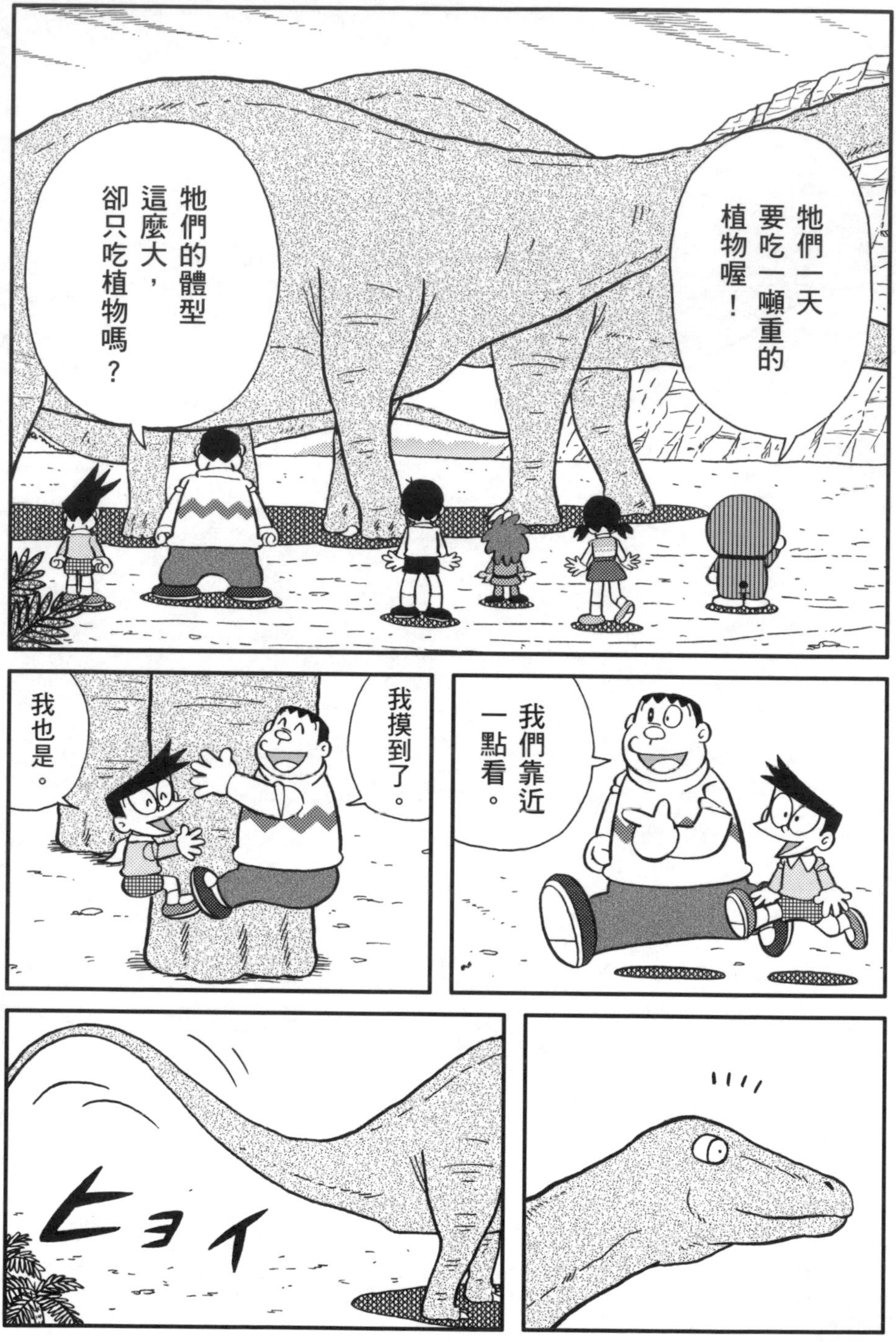

牠們一天要吃一噸重的植物喔！
牠們的體型這麼大，卻只吃植物嗎？
我們靠近一點看。
我摸到了。
我也是。
ヒョイ

※甩～

※甩～

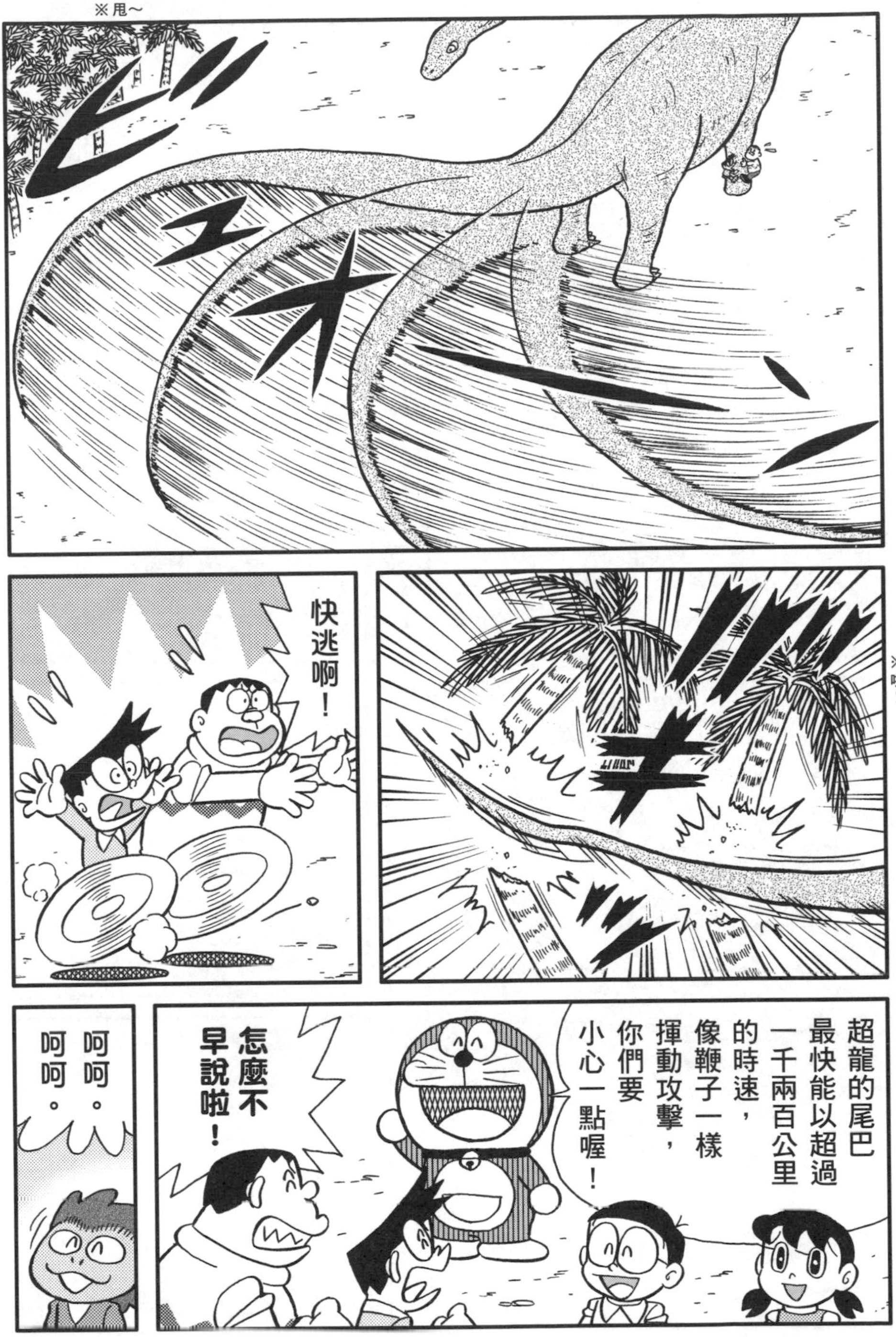

快逃啊！
超龍的尾巴最快能以超過一千兩百公里的時速，像鞭子一樣揮動攻擊，你們要小心一點喔！
怎麼不早說啦！
呵呵。呵呵。

※啪～

你這傢伙！現在可不是三疊紀，我不會氣喘吁吁囉！
喘
喘
咦？怎麼還是很喘啊？
侏儸紀的氧氣比三疊紀還稀薄啊。
讓我用「適應燈」照你們，這樣就能正常呼吸了。
※照射
話說回來，為什麼這個時代的恐龍會變得那麼大隻啊？
這是因為……
「放大燈」！
※照射
哇！
※增長、增長

就是像這樣的緣故。
體型越大的生物，越不容易被敵人打敗。
你說的沒錯！
像我長得如此俊美，頭腦又聰明過人，卻偏偏打不過胖虎，就是因為我的身材比胖虎矮小的關係！
這樣啊～
雖然體型不如超龍龐大，
但肉食恐龍為了獵捕碩大的植食性恐龍，牠們也演化出巨大的身軀。

肉食恐龍變大的話，植食性恐龍怎麼打得過牠們？
其實為了保護自己，有一些恐龍會將身體的一部分當成武器護身喔！
我們去找找看吧！
有了，在那裡！
那是怪嘴龍。
身體好像鎧甲喔！

有了一身鎧甲，就能好好保護自己了。
你們快看！
那是劍龍！
是我最喜歡的恐龍！
等一下！

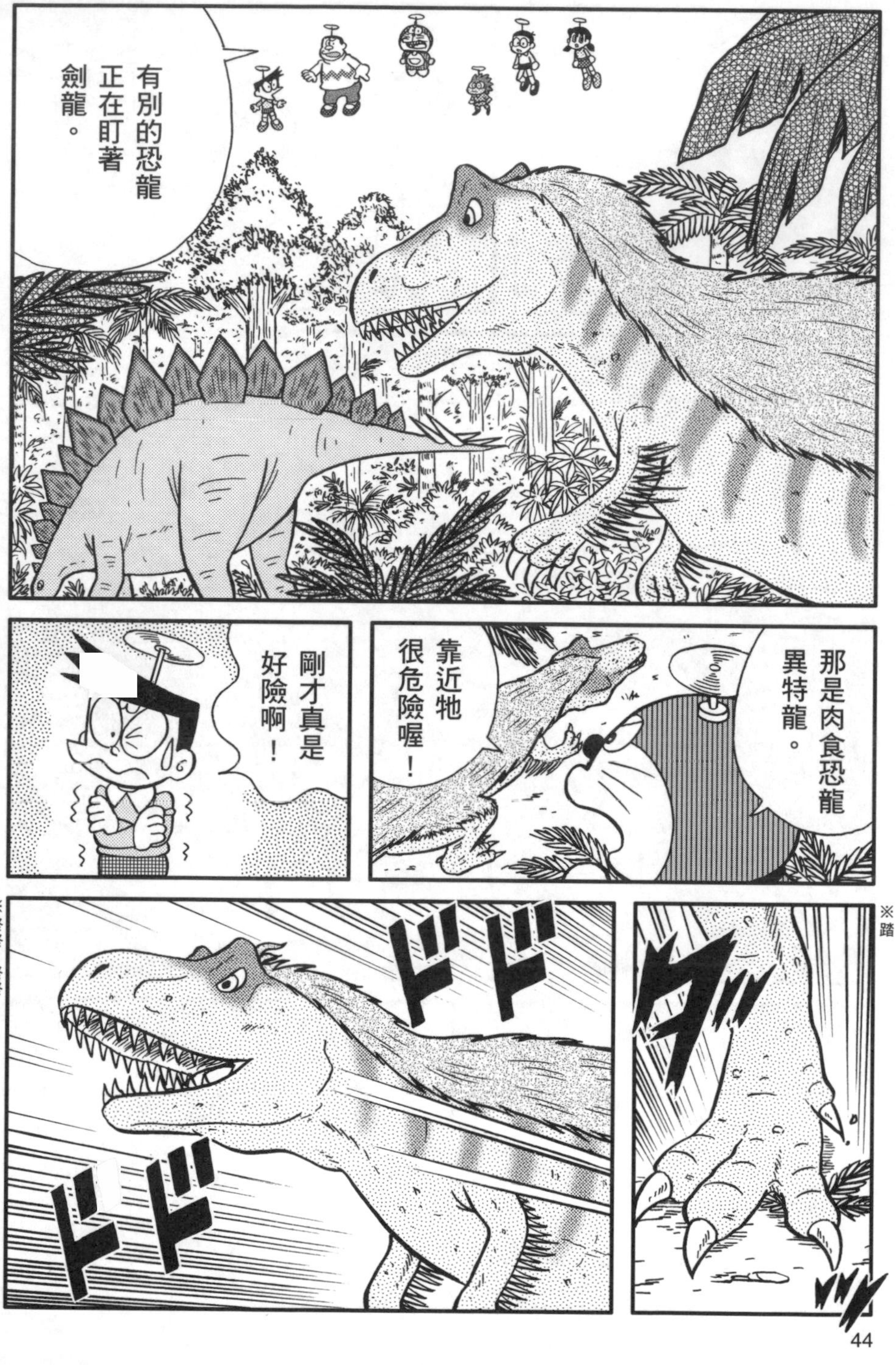
有別的恐龍正在盯著劍龍。
那是肉食恐龍異特龍。
靠近牠很危險喔！
剛才真是好險啊！
※踏
※咚咚、咚咚

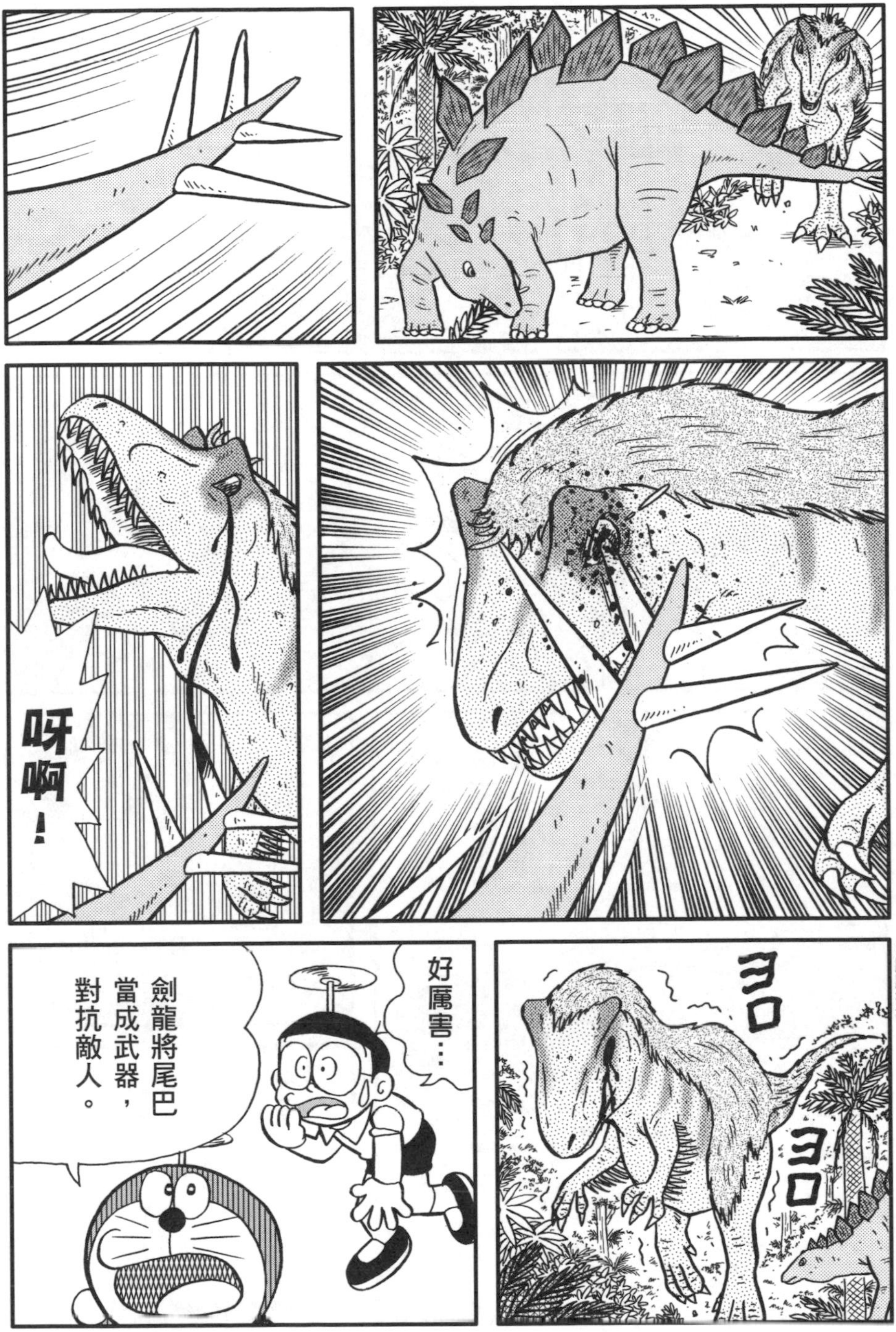

呀啊！
ヨロ
ヨロ
好厲害…
劍龍將尾巴當成武器，對抗敵人。

※跌跌撞撞

劍龍打敗了異特龍，好厲害啊！
事實上劍龍不是每次都能打贏。
ヒョコッ
※小碎步快跑
咦？這裡也有小恐龍。
是恐龍寶寶嗎？
並不是所有恐龍的體型都變大，
還有許多小型恐龍喔！
不，牠們是奧塞內爾龍，這些都是成年恐龍。

阿齒在跟牠們玩。
ガサッ
※窸窣
ガブッ
※咬
是剛剛的異特龍！
阿齒！
大雄，危險啦！

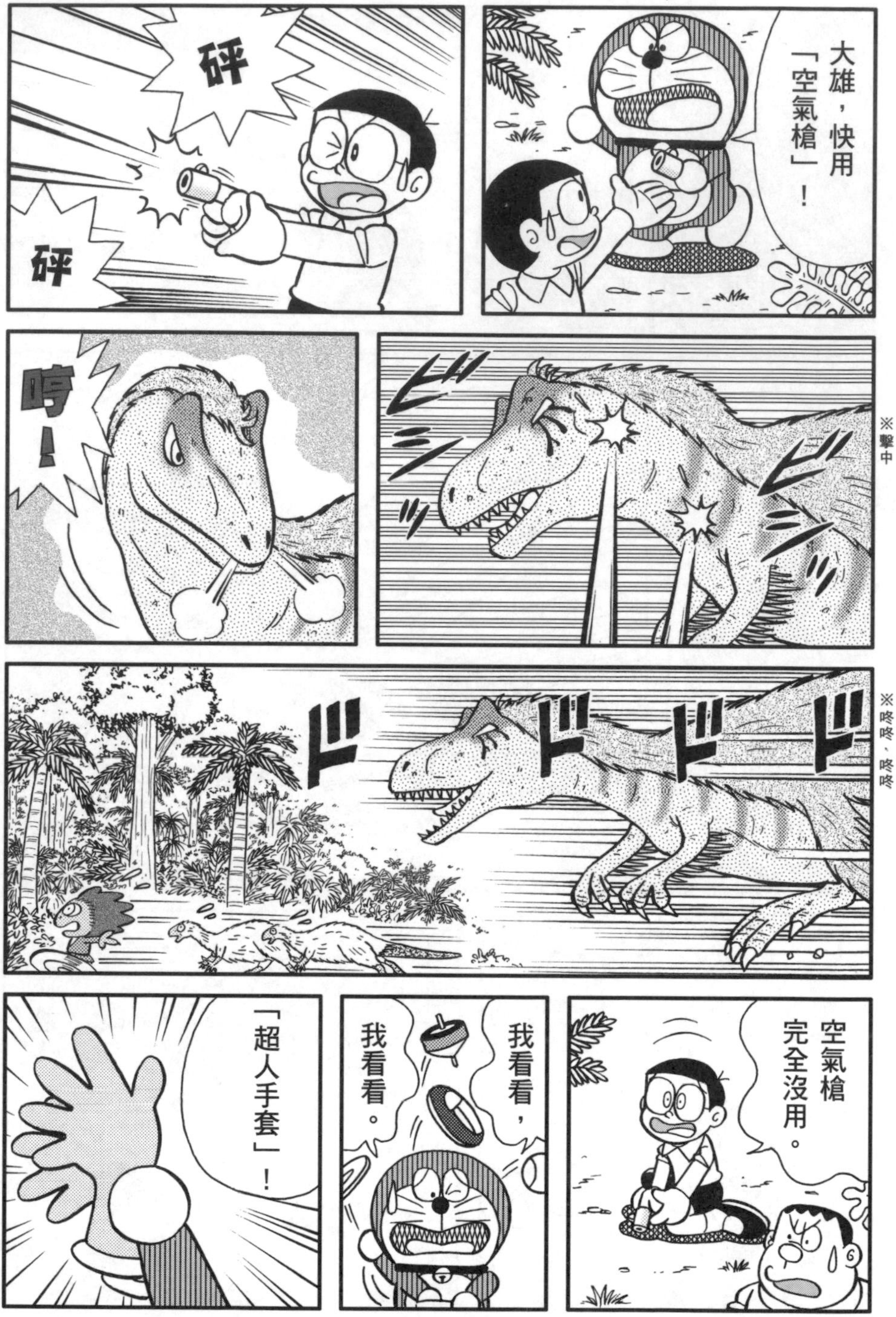
大雄，快用「空氣槍」！
砰
砰
ビビ
※擊中
哼！
ドドドド
※咚咚，咚咚
空氣槍完全沒用。
我看看，我看看。
「超人手套」！

看我的！
胖虎！
グワッ
※張開嘴
バクン
※咬
ズズズズ
※抓住
你這個壞蛋！

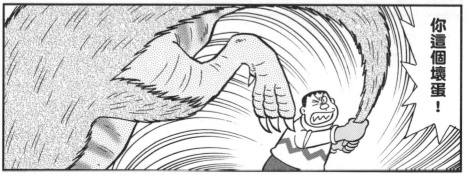

※砰
胖虎，你贏了！
牠會不會又來攻擊我們？
牠會昏睡三小時。
我很棒吧！
只要有我在，
不管什麼恐龍來都不用害怕。

即使是最強的肉食恐龍暴龍來，你也不怕？
喂，暴龍！你在嗎？快出來啊！
暴龍看到我就怕，根本不敢出來。
怎麼可能出來啊！
侏儸紀時代又沒有暴龍。
ズルッ
※跌倒
暴龍是白堊紀的恐龍喔！
我想親眼看看暴龍。
既然如此，
我們就去白堊紀吧！

侏儸紀的地球

進入侏儸紀時代後，大陸板塊大幅分裂。植物遍及內陸，大氣中的氧氣濃度增加。

蓊鬱森林廣布的
侏儸紀世界

在侏儸紀時代，隨著大陸形狀改變與氣候變遷，全球出現越來越多的森林。

圓頂龍

擁有強健的牙齒，可以吃較硬的樹葉。考古學家發現許多化石。

- 全長／約18m
- 食性／植食性
- 發掘地／美國

侏儸紀的特徵

- 火山變得活躍
- 森林增加
- 被子植物誕生
- 鳥類誕生
- 大型恐龍增加

「侏儸紀」名稱的由來

侏儸紀這個名稱來自於劃定該時代的石灰岩地層，此地層廣布於法國與瑞士國境的侏羅山脈，因此得名。

食物豐沛的時代！

進入侏儸紀時代之後，火山活動益發活躍。這個時代的氣候比現代溫暖，雨量較多，因此溼度也較高。

在這樣的氣候環境之下，植物開始往內陸生長，種類也越來越多，可以結出果實的植物在此時登場。隨著植物豐沛充足，植食性恐龍隨之增加，體型越長越大。不僅如此，以植食性恐龍為食的肉食恐龍種類也逐漸增加，陸地成為由恐龍支配的世界。

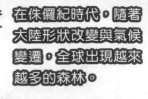

歷經重大演化的

恐龍物種

隨著食物與環境樣貌越來越豐富，恐龍也呈現多樣化發展，身高數十公尺的巨型恐龍、長翅膀的恐龍，以及鳥類都在此時誕生。

劍龍

背上的骨質板有血液流通，專家認為這項生理特徵可改變骨質板顏色，調節體溫。

- 全長／約9m
- 食性／植食性
- 發掘地／美國

超龍

超大型恐龍。只有方形的嘴尖有牙齒，可撕碎大量植物，一口吞下去。

- 全長／約33m
- 食性／植食性
- 發掘地／美國

鳥類誕生

始祖鳥（古翼鳥）

- 全長／約50cm
- 食性／肉食性
- 發掘地／德國

體型較小的獸腳類恐龍，演化出帶有翅膀的物種，接著進化出可展翅高飛的鳥類祖先。始祖鳥是棲息在泥灘的水鳥，雖然不善飛行，但專家認為牠會離地飛翔。

異特龍

侏儸紀最強的大型肉食恐龍。具有短脖子和強力的下顎，以尖銳的爪子捕食獵物。

- 全長／約12m（最大）
- 食性／肉食性
- 發掘地／美國

第3章 恐龍大繁榮！然後……

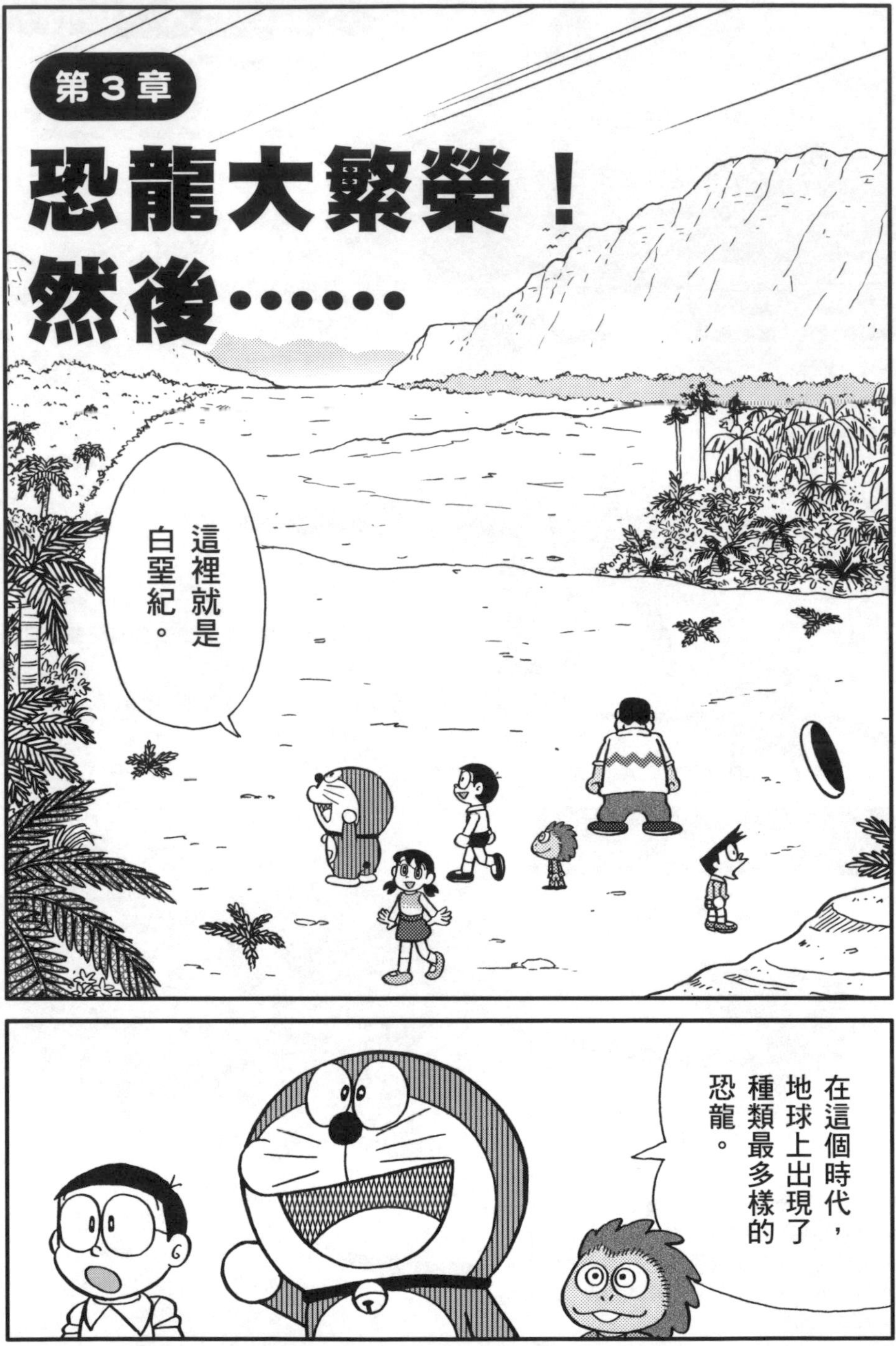

這裡就是白堊紀。
在這個時代，地球上出現了種類最多樣的恐龍。

這裡有暴龍嗎？
有，暴龍生長在白堊紀後期的美國與加拿大。
好想快點看到喔！
可是，這樣安全嗎？
暴龍是很凶猛的恐龍耶。
靜香，不要怕，有我在，我會保護你的。
暴龍，你在哪？快出來啊！
ガサ
ガサ
※窸窸窣窣

出現了！

哇哇哇哇！
好酷喔！
沒想到竟然可以近距離欣賞暴龍，太酷了！
小夫，不要靠太近，太危險了。
為什麼要離遠一點？
如果牠攻擊我，你會教訓牠，不是嗎？
嗯，呃，那是當然的啊！
ギロッ
※盯～
不行，我打不過，太可怕了！
ピュー
什麼？

※溜～

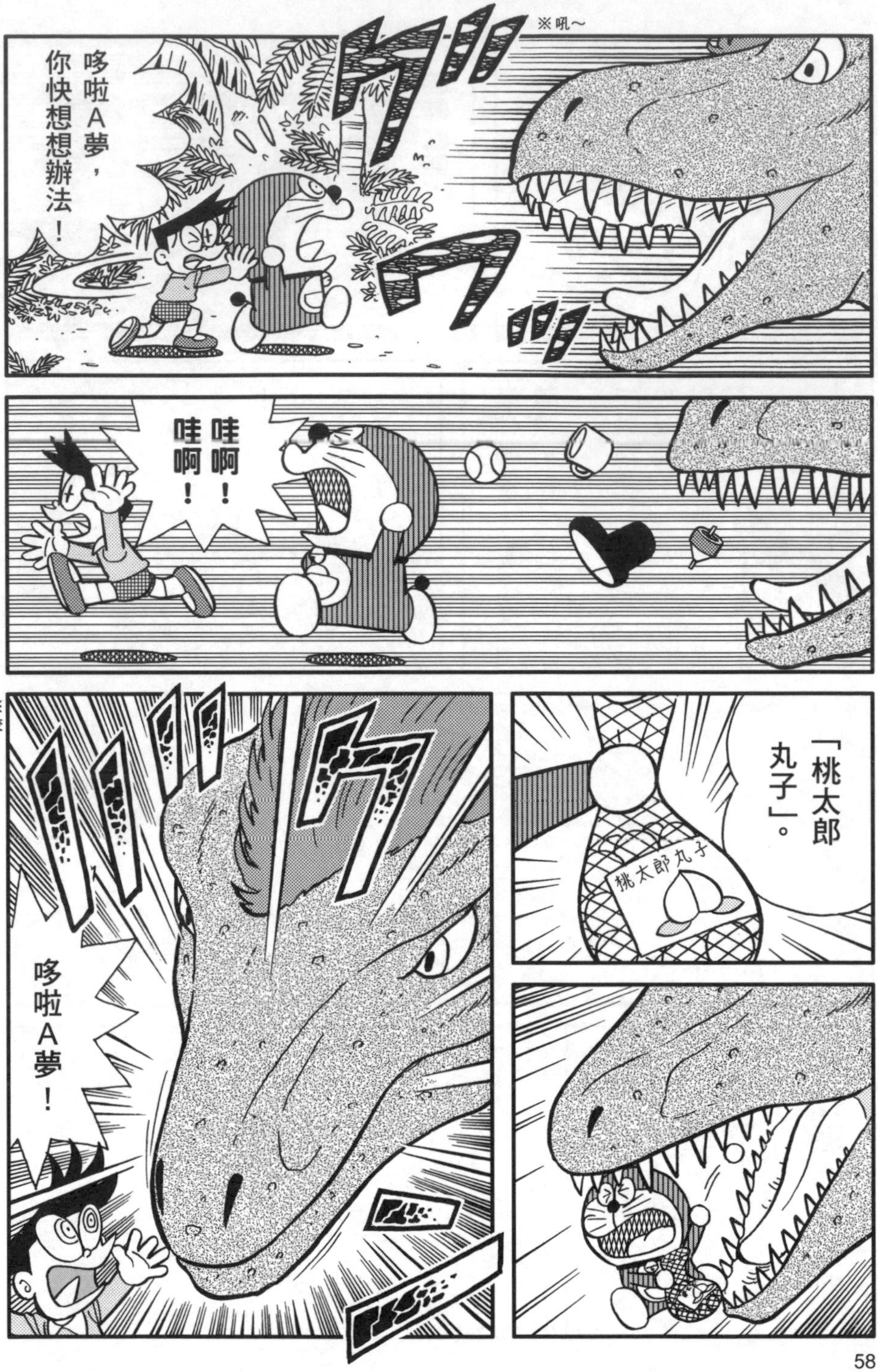
※吼～
哆啦A夢，
你快想想辦法！
哇啊！
哇啊！
※咬！
「桃太郎
丸子」。
桃太郎丸子
哆啦A夢！

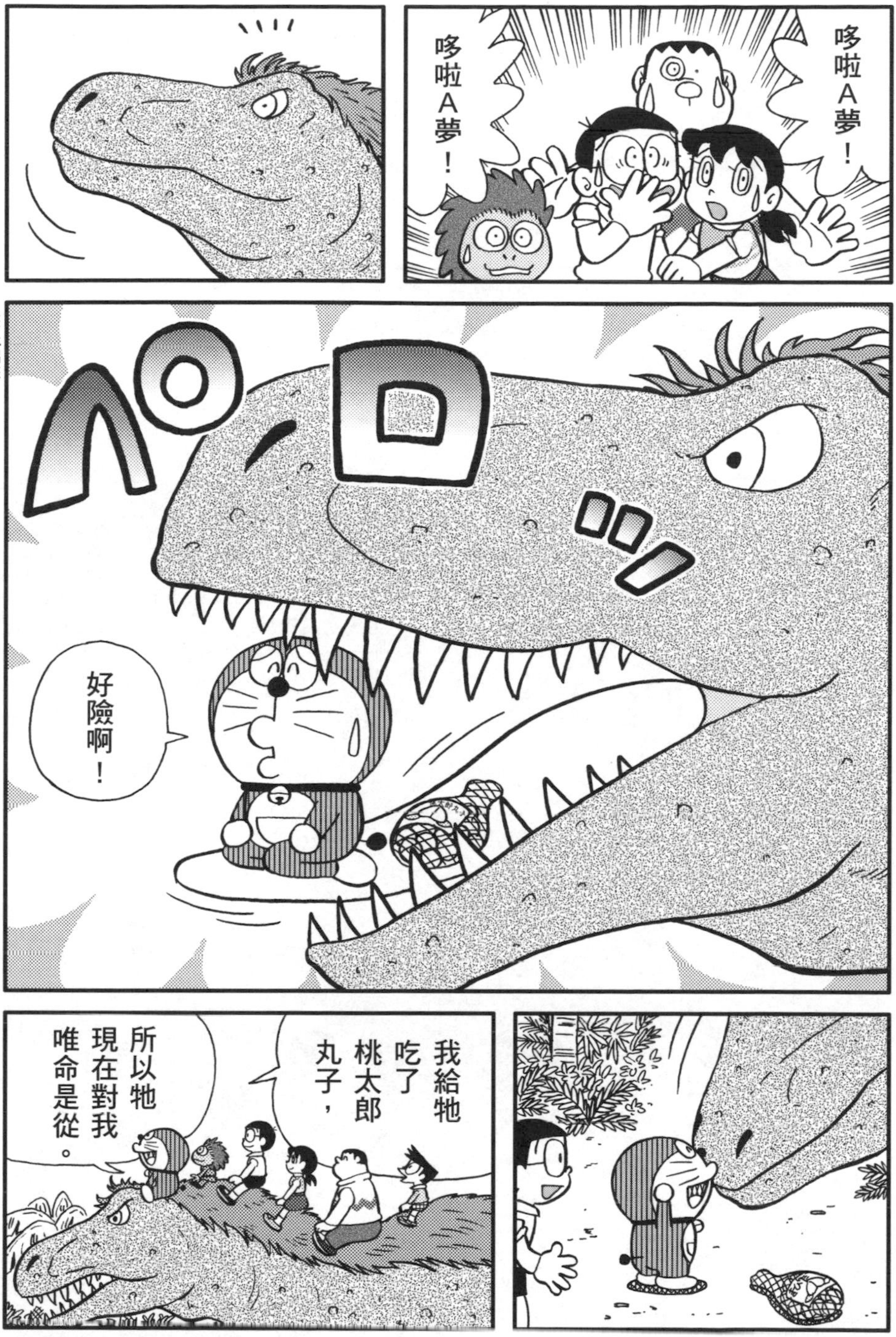

哆啦A夢！
哆啦A夢！
ペロッ
好險啊！
我給牠吃了桃太郎丸子，
所以牠現在對我唯命是從。

※吐出來

哇！好多恐龍喔！

要是再碰到暴龍就太可怕了。
接下來我們都戴上「竹蜻蜓」去看恐龍。
咦？這是侏儸紀也有的超龍。
不是啦，那是阿拉摩龍。
阿拉摩龍是超龍的遠方親戚，
阿拉摩龍的體格比超龍還要強健結實，
是白堊紀之後欣欣向榮的新物種。

那是三角龍。
對，「三角龍」的名字來自於「長著三根角狀物的臉」。
你們看，好特別的頭！
那是厚頭龍。
牠們用頭相撞耶！
ガツン
※撞
雄性三角龍會用頭相撞，以這個方式決定族群的領袖。
哇！這隻恐龍的長相好好玩喔！
那是奧氏櫛龍。牠們頭上的皮膜膨脹時會發出聲音，這是牠們與同伴溝通的方式。
フルフル
※咘咘～
這些都是植食性恐龍。

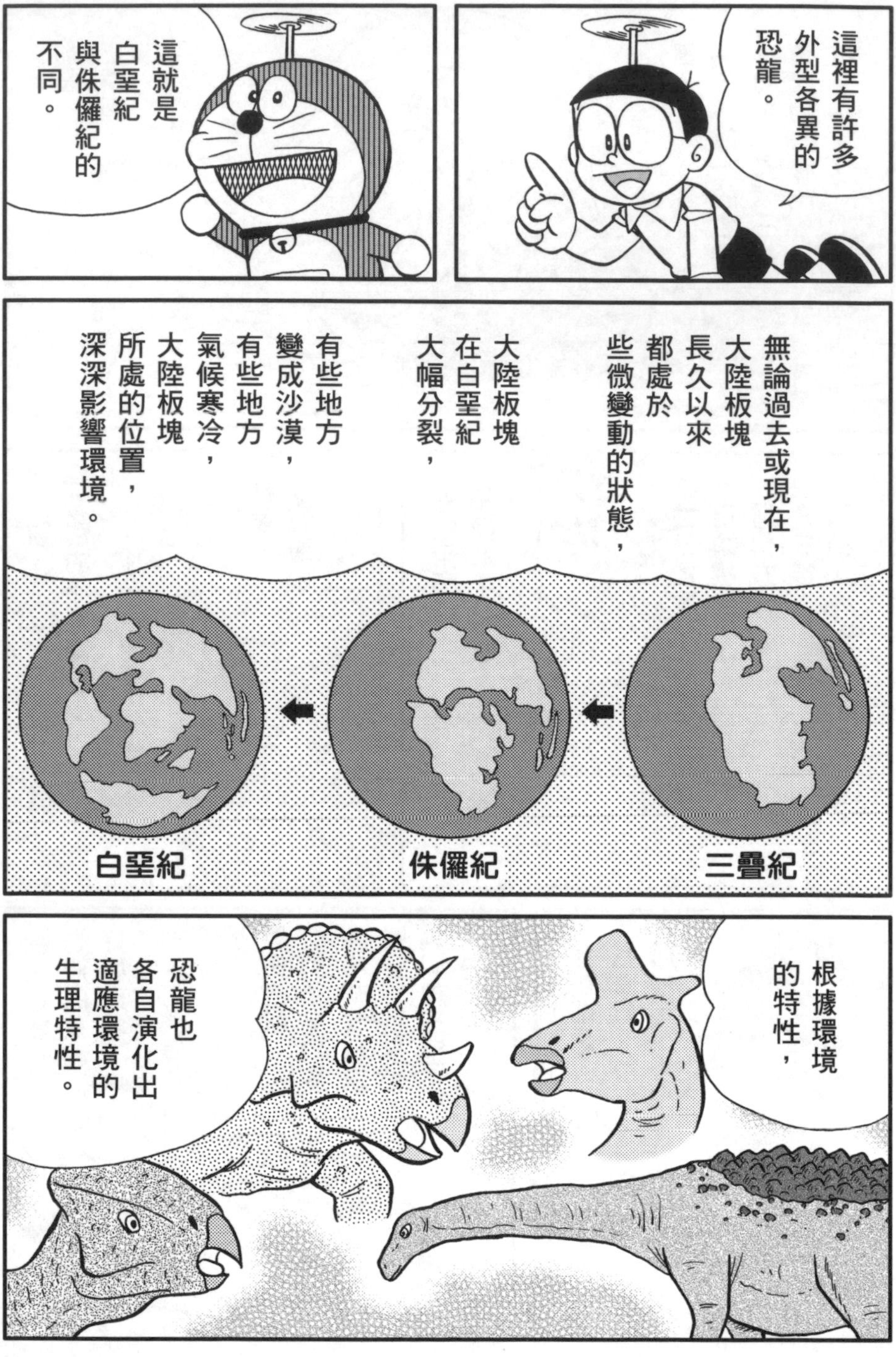
這裡有許多外型各異的恐龍。
這就是白堊紀與侏儸紀的不同。
無論過去或現在，大陸板塊長久以來都處於些微變動的狀態，
大陸板塊在白堊紀大幅分裂，
有些地方變成沙漠，有些地方氣候寒冷，大陸板塊所處的位置，深深影響環境。
三疊紀
侏儸紀
白堊紀
根據環境的特性，
恐龍也各自演化出適應環境的生理特性。

在所有恐龍之中，暴龍發展出最卓越的身體能力，使牠成為恐龍霸主。
不曉得侏儸紀的劍龍現在演化成什麼樣子？
劍龍所屬的劍龍類恐龍，在白堊紀前期就滅絕了。
這樣啊。
新的恐龍出現，
舊的恐龍消失，恐龍物種不斷交替。
我們也去其他大陸看恐龍吧！
在白堊紀也能使用「任意門」？
我已經輸入地圖資訊，沒問題的。

這是生長在蒙古的鐮刀龍喔！
真的耶，牠們的手好像鐮刀喔！

ブチッ
※喀喳
ムシャ ムシャ
※咬、咬
鐮刀龍用牠的爪子剪果實吃。
鐮刀狀的手可以輕鬆剪下果實。
看到那雙鐮刀手，會以為牠是肉食恐龍，
其實牠只吃樹實與樹葉。
這也是進化的一部分。
進入白堊紀時代後，有些原本吃肉的恐龍，
演變成植食性恐龍。
哇！快看！

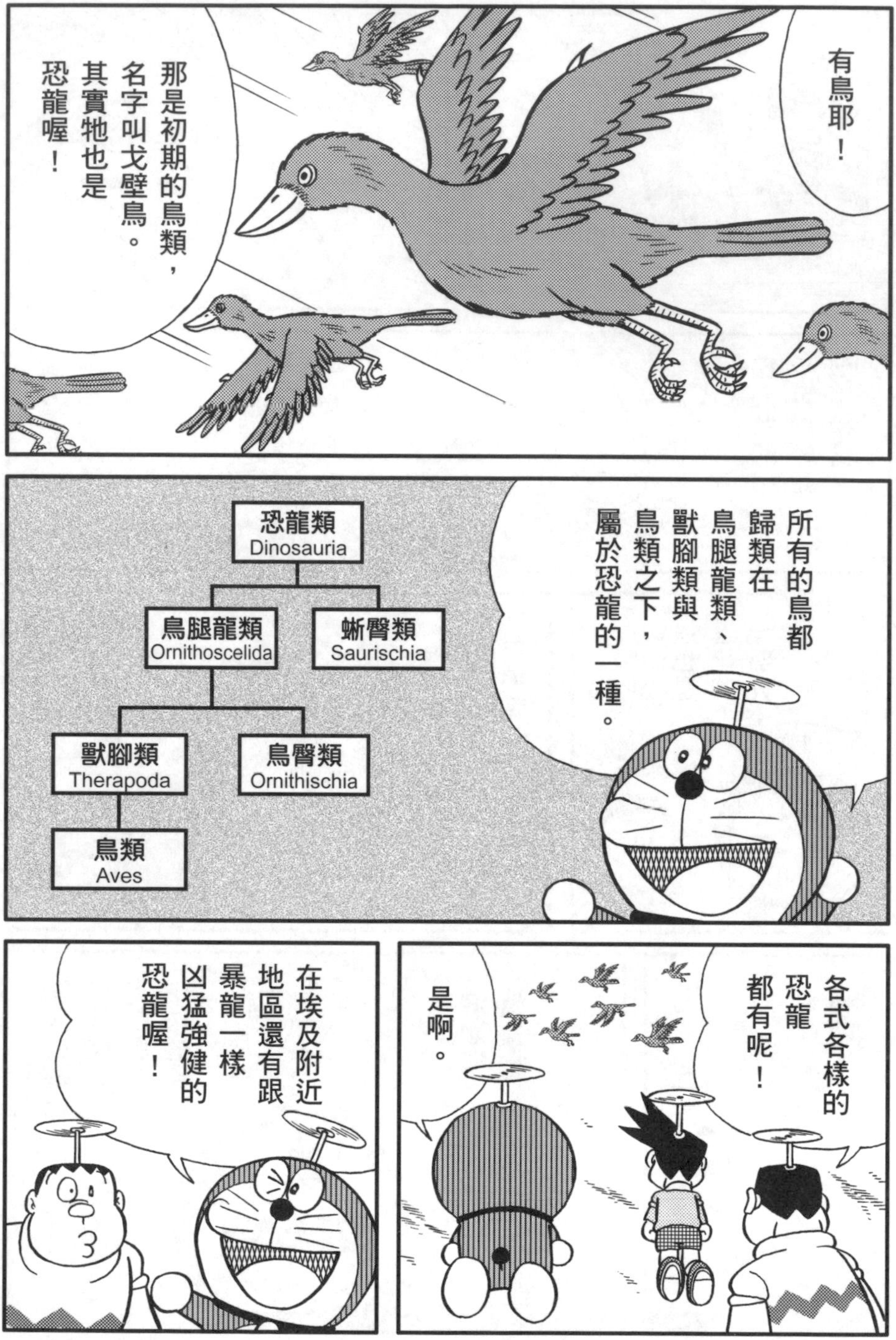
有鳥耶！
那是初期的鳥類，名字叫戈壁鳥。其實牠也是恐龍喔！
所有的鳥都歸類在鳥腿龍類、獸腳類與鳥類之下，屬於恐龍的一種。
恐龍類 Dinosauria
鳥腿龍類 Ornithoscelida
蜥臀類 Saurischia
獸腳類 Therapoda
鳥臀類 Ornithischia
鳥類 Aves
各式各樣的恐龍都有呢！
是啊。
在埃及附近地區還有跟暴龍一樣凶猛強健的恐龍喔！

那是什麼恐龍呢？
好想看。
一起去看吧！
這種恐龍住在水邊……
沒看到啊！
可能潛入水裡了。
到底在哪裡啊？
※睜眼
ギロッ

出現了！是棘龍耶！
※嘩拉
棘龍是水陸兩棲的恐龍中，體型最大的肉食恐龍喔！
現在是說明的時候嗎？
不要怕，我有「桃太郎丸子」！
咦？
不見了。

快逃！
原來桃太郎丸子掉在暴龍這裡了。

看到這麼多各式各樣、外表不同的恐龍之後，
我發現若能持續進化，恐龍也會變得像阿齒一樣。
我同意，如果恐龍沒有滅絕，
這個世界就會由恐龍人主宰。
話說回來，為什麼繁衍興盛的恐龍，
後來會消失呢？
一定是因為像我這麼強的哺乳動物出現，
把恐龍全部殺光光！

阿齒，你怎麼了？
※窸窸窣窣
你要去哪裡？快回來啊！
※吼～
哇啊！

原來是阿齒啊，不要嚇我們啦！
是矮暴龍※耶！
也讓我騎一下。
啊！
阿齒！
到底發生什麼事？
嚎嚎、嚎嚎。
牠好像有話想說。
「翻譯蒟蒻」！
吃下這個就能說話囉！

※有研究學者認為矮暴龍是暴龍的小孩。

胖虎剛剛說
恐龍滅絕的原因是
哺乳動物殺光了恐龍。
所以，哺乳動物是敵人。
為了恐龍的生存，我要殺光哺乳動物！
什麼！
阿齒……
不要阻止我！
哇！
我不想傷害你們，
在我殺光哺乳動物之前，你們不要輕舉妄動。

等一下！
就算殺光
哺乳動物，
也無法扭轉
恐龍滅絕的
命運。
你騙人！
白堊紀的
哺乳動物
體型還很小，
根本
沒有能力
殺死恐龍。
既然如此，
我們恐龍
為什麼
會消失？
那是隕石
造成的。
是因為一顆
巨大的隕石
撞擊地球
才造成
恐龍滅絕。
只是一顆
隕石就讓
我們滅絕？

我帶你去看就知道了。
你看，是隕石。
ドーン
※轟～

好強的震波！
嚇死我了！
快看！
※轟～
大海嘯來了！
ゴオーーッ
那顆隕石並不大，竟然造成如此嚴重的後果……
還沒完呢。

天色越來越暗了。
怎麼回事？現在還是大白天耶？
強烈的撞擊使隕石破碎，
化為細小的微塵，飄散在整個地球的天空。
這些微塵覆蓋地球長達好幾個月，
遮蔽了陽光，
讓整個地球的氣溫驟降，變得十分寒冷，
陽光不足也導致絕大多數的植物枯萎死亡。

植物枯死，植食性恐龍沒有食物吃就會餓死，如此一來，以植食性恐龍為食的肉食恐龍也會死亡。
一段時間後，覆蓋地球的微塵產生的溫室效應，使得地球就像三溫暖一樣高溫悶熱。
恐龍無法度過不斷發生的天然災害，就這麼滅絕了。
在這種情況下，部分體型較小的哺乳類，鑽入地底生活，成為倖存下來的動物。
那些哺乳類經過不斷演化，
變成了今天的人類。

對不起……
事情搞清楚就好了。
胖虎！
身邊有個像胖虎一樣的人在，也難怪阿齒會搞錯。
唉呀！
這麼多生物只有恐龍滅絕，
這代表恐龍原本就注定會消失……
才不是這樣呢！

你看，那些在空中飛翔的恐龍，
還有很多倖存下來，在現代也看得到喔！
沒錯，鳥類就是恐龍倖存下來的後代。
太好了。
哇！
好了，
我們該回家了。

這裡是阿齒生存的三疊紀。
你看，你的同伴都在這裡。
跟緊點，不要再脫隊囉！

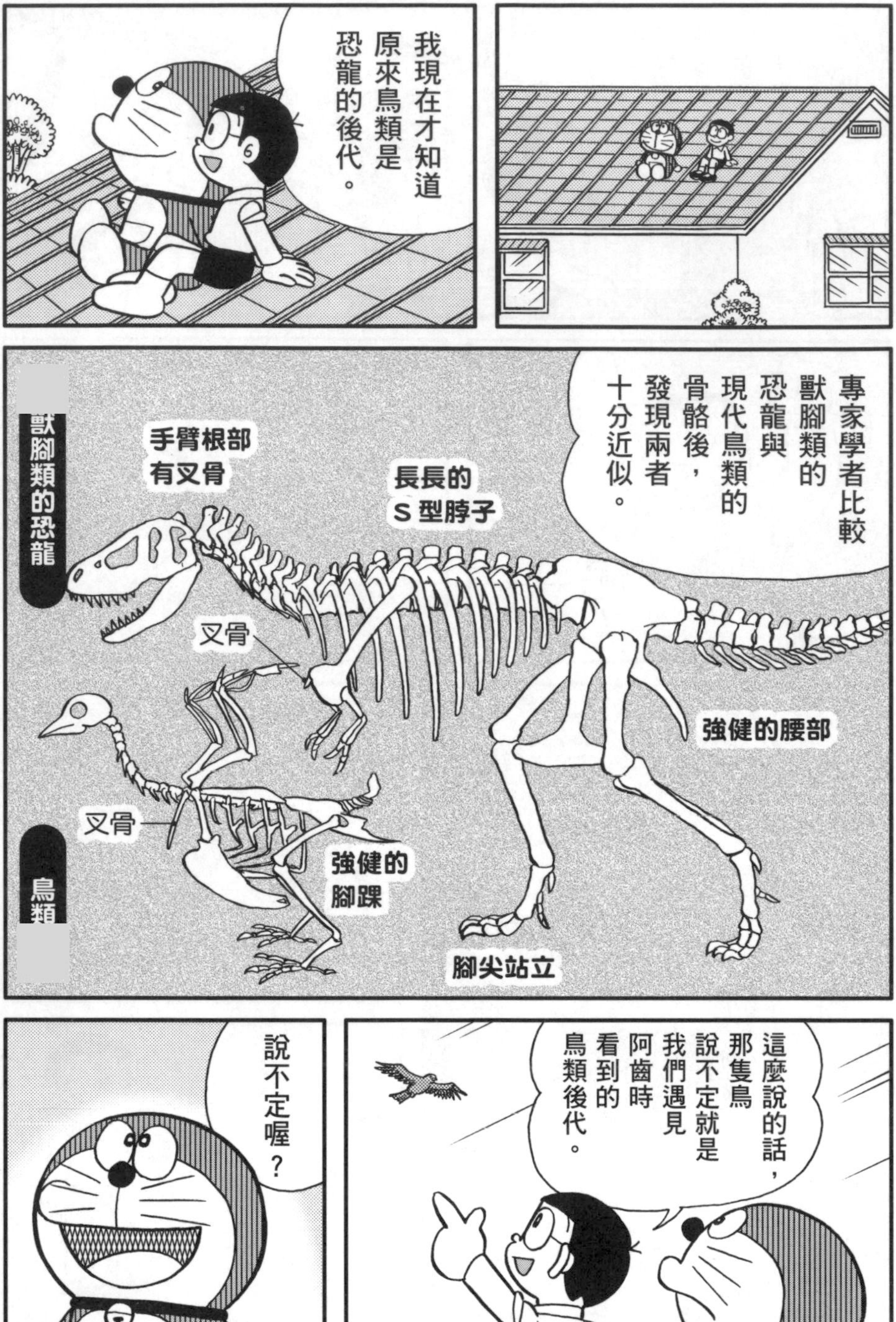

我現在才知道原來鳥類是恐龍的後代。
專家學者比較獸腳類的恐龍與現代鳥類的骨骼後，發現兩者十分近似。
獸腳類的恐龍
手臂根部有叉骨
長長的S型脖子
叉骨
強健的腰部
叉骨
強健的腳踝
腳尖站立
鳥類
這麼說的話，那隻鳥說不定就是我們遇見阿齒時看到的鳥類後代。
說不定喔？

喂，如果你們是那個時候我們看到的鳥類後代，就過來我這邊！
スウーー
※俯衝
來了！
ポチョッ
※噗茲
哇嗚嗚嗚嗚！
牠絕對不是……

恐龍族群的黃金年代

白堊紀世界

地球上的大陸板塊大幅分裂，
演化出各種不同生活型態的恐龍！

白堊紀的地球

大陸板塊分裂，形成現代大陸的雛型。生物的生存環境也隨著板塊分裂多樣化，個性獨具的恐龍遍布世界各地。

暴龍

天性凶猛的肉食恐龍之王。專家認為暴龍下顎的力量比現在所有生物都強。

●全長／約12.5m　●食性／肉食性
●發掘地／美國、加拿大

白堊紀的特徵

- 海平面高漲
- 開花的被子植物欣欣向榮
- 恐龍多樣化
- 氧氣濃度升高

「白堊紀」名稱的由來

白堊紀的名稱來自於英國多佛的白堊岩（Chalk，石灰岩的一種）地層。

適應各地生活環境個性獨具的恐龍遍布全球！

延續侏儸紀時期的氣候特性，白堊紀也是氣候溫暖多雨的時代。大陸板塊分裂成現代大陸的雛型，不過，當時的海平面比現代高，陸地也比現代更為零散。

植物繁榮，大氣中的氧氣增加。開花植物欣欣向榮，開始出現以花朵、花蜜為食的昆蟲、小動物以及恐龍，植物與動物之間的關係更為多樣與複雜。分裂的大陸上，除了有越來越多個性獨具的恐龍之外，現代哺乳類族群的祖先也幾乎全部都在這個時期出現。

家喻戶曉的 人氣恐龍現身！

白堊紀有許多高知名度的恐龍，暴龍就是其中之一，可說是恐龍的黃金時代！

三角龍

頭上的大角與頭盾是其最大特色，個性凶猛，專家認為牠是十分強大的恐龍。

●全長／約9m
●食性／植食性
●發掘地／美國、加拿大

副櫛龍

頭上的大冠呈空心狀，與鼻孔相連。可發出類似喇叭的聲音。

●全長／約10m
●食性／植食性
●發掘地／加拿大、美國

在空中飛翔的爬蟲類

無齒翼龍

不是恐龍，而是空中的爬蟲類「翼龍」。牠們不用羽毛，而是以翼膜乘著海風飛行。

●全長／約6m
●食性／肉食性（魚）
●發掘地／美國

型態豐富的
各地恐龍族群

受到大陸板塊分裂的影響，各地演化出適合當地環境的恐龍族群。許多恐龍的外貌都很特別，包括怪異的犄角或鎧甲等，特徵獨具。

偷蛋龍

短喙與頭冠為其特徵。雙手呈翅膀狀，尾巴還有羽毛叢，習慣在巢裡孵蛋。

●全長／約1.5m
●食性／雜食性
●發掘地／蒙古、中國

恐爪龍

發現於前一次東京奧運年，也就是1964年。由於骨骼類似鳥類，專家學者於是提出「恐龍是鳥類祖先」的假設。

●全長／約4m
●食性／肉食性
●發掘地／美國

棘龍

擁有鱷魚般的嘴，以及鴨子般的蹼足，屬於水陸兩棲的恐龍。

恐龍的體表是鱗片還是羽毛？

若以恐龍的復原圖而言，以前繪製的恐龍體表大多覆蓋著一層蜥蜴般的鱗片。自從1996年提出中華龍鳥化石完整保留著羽毛痕跡的報告之後，有越來越多的化石研究顯示，許多恐龍的身上都長著羽毛。基於這些研究，近年來不少復原圖的恐龍身上，都畫著像鳥類一樣的羽毛。

甲龍

裝甲類中體型最大的恐龍，揮動尾巴的尾槌就能擊退肉食恐龍。

●全長／約9m
●食性／植食性
●發掘地／美國、加拿大

●全長／約9m
●食性／植食性
●發掘地／美國

鴨嘴龍

嘴部後方有超過1000顆牙齒，可以輕鬆咬碎堅硬的植物。

傷齒龍

以身體比例來說，傷齒龍屬於腦部發達的恐龍。大大的眼睛代表可能在夜間行動。

●全長／約2.4m
●食性／雜食性
●發掘地／加拿大、美國

●全長／約15m
●食性／肉食性
（主要為魚類）
●發掘地／埃及、摩洛哥

恐龍時代的終結

漫長的恐龍時代也有走到盡頭的一天，究竟恐龍為什麼會滅絕呢？

1 大量微塵遮蔽陽光，植物驟減。

2 以植物為食的恐龍一一滅絕。

3 沒有食物可吃的肉食恐龍也跟著滅絕。

撞擊地球的巨大隕石

終結恐龍時代的凶手是一顆直徑超過十公里的巨大隕石。隕石墜落在現在的墨西哥附近，不僅摧毀了周遭的一切，還在陸地引發大火災，在大海引起大海嘯。此外，隕石揚起的微塵覆蓋整個地球的上空，降下毒雨。劇烈的環境變化，不只導致恐龍滅絕，更消滅了當時地球上七成左右的物種。

◀墨西哥猶加敦半島地表上有一處直徑約180km的隕石坑，專家認為這就是當時隕石撞地球的證據。

恐龍至今仍活著？

隕石墜落時揚起的微塵遮蔽了陽光，導致陸地氣溫驟降，部分可維持高體溫的哺乳類倖存下來，逐漸成為陸地霸主。不過，屬於恐龍的鳥類也同樣逃過一劫。如今地球上的哺乳類約有6000種，鳥類約有1萬種。鳥類雖然體型較小且不起眼，卻棲息在世界各處，繁衍興盛。若說恐龍直到現在仍以地球支配者之姿，從空中俯瞰著人類，一點也不為過。

第4章
消失的化石之謎
○○新聞
日本發現恐龍的全身骨骼！
○○新聞
真是太酷了！
怎麼說？
發現完整的全身化石本來就是一件很難得的事情。

真想親眼看看。
既然如此，
就用「任意門」去看看吧！
這裡就是發現恐龍全身化石的地方。
而這個就是被挖出的化石的……
咦？不見了？

會不會是搞錯地點了？
才不會呢，報紙上說是這裡……
咦？有關化石的報導消失了！
○○新聞
發現一顆新星！
新聞
這是怎麼一回事？
報導消失的這件事代表，
這裡原本有的化石也會跟著消失。
也就是說，有人改變了歷史！

究竟是誰改變了歷史？
你看，地上有一個「縮小燈」。
那不是我的。
為什麼這裡會有未來的道具呢？
我知道了！
這是化石收藏家幹的好事！
這代表在未來的世界裡有一個
專門收集化石的化石收藏家。
他找到這篇發現化石的新聞報導，
於是乘坐時光機回到尚未發現前的時間，
偷偷將化石劫走了。

如此一來，化石就不會被發現。
這就是報紙上那則新聞消失的原因。
「縮小燈」是用來縮小化石，方便帶走的道具。
好過分喔！
可是，兇手真的那麼想要這個化石嗎？
不過是骨頭罷了。
才不是呢！
化石是很珍貴的東西，
因為不是每隻死掉的恐龍都會變成化石。

趕快通知時光巡邏隊。
等一下！
你是誰？
拿走化石的人就是我。
偷盜化石是犯罪行為！
不對！我沒有偷盜化石！
我是一名研究者，
那個化石是我為了做研究事先埋在那裡的。
沒想到竟然在回收前被別人發現。

這是怎麼一回事？
為了形成化石，我在恐龍生存的時代，事先埋了恐龍的骨骸。
你騙人。
我有證據，跟我來。
我在世界各地都埋了骨骸，藉此研究化石形成的過程。
這是我在白堊紀的美國成立的研究所。
什麼也沒有啊？
ポチッ
※按

ガクン
※喀噠
ウィーン
※嗡～
地面在下降！
這個時代如果有建築物會很奇怪，所以我把它藏起來了。
看來這位叔叔說的
是真的呢！
來吧，到裡面看看。
我會從死掉的恐龍中
找出想做成化石的遺體，

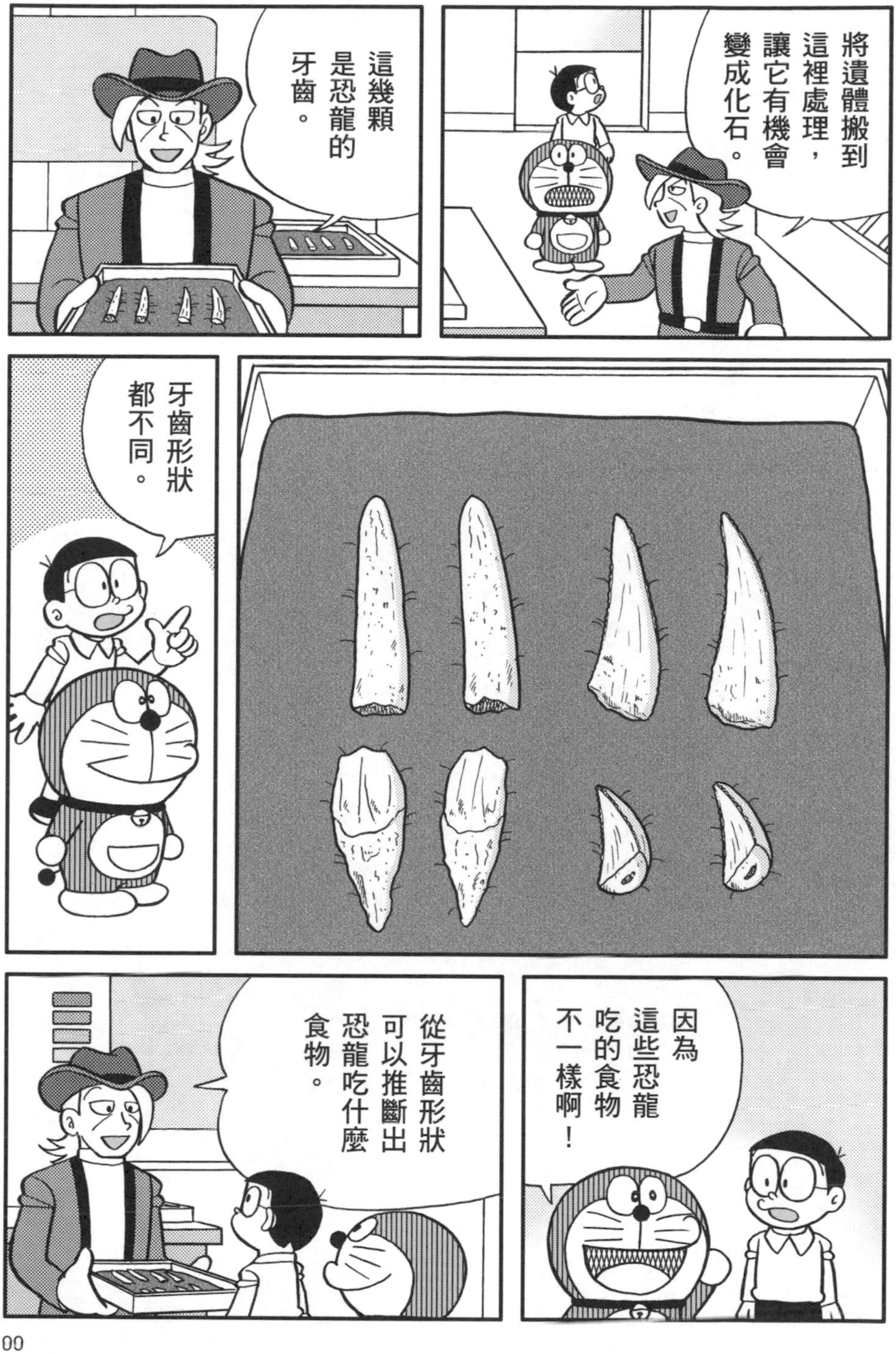
將遺體搬到這裡處理，讓它有機會變成化石。
這幾顆是恐龍的牙齒。
牙齒形狀都不同。
因為這些恐龍吃的食物不一樣啊！
從牙齒形狀可以推斷出恐龍吃什麼食物。

肉食恐龍的牙齒像鋸子那樣呈鋸齒狀，方便撕咬肉類，
可以輕鬆撕裂柔軟的肉，吃進肚裡。
有些恐龍的牙齒更銳利，甚至連骨頭都能咬碎。
植食恐龍的牙齒分成兩種，一種是像鉛筆一樣，可以咬碎植物，一口吞下。
另一種長得像石臼，可以磨碎植物，再吞下肚。
從顎骨來看，
肉食恐龍要花一到兩年長出新牙；植食性恐龍則只要一到三個月就能長出新的牙齒。

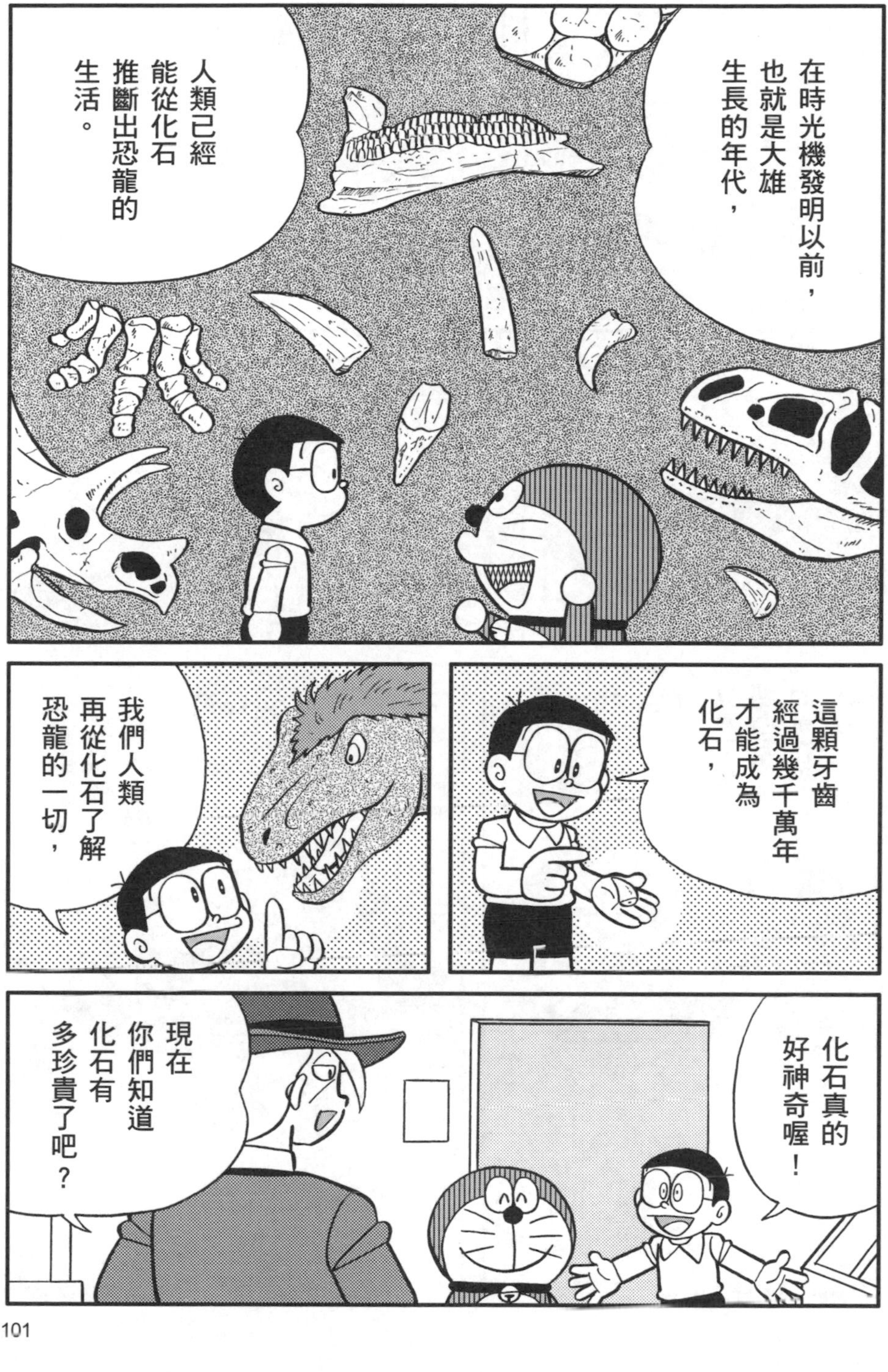
在時光機發明以前，也就是大雄生長的年代，
人類已經能從化石推斷出恐龍的生活。
這顆牙齒經過幾千萬年才能成為化石，
我們人類再從化石了解恐龍的一切，
化石真的好神奇喔！
現在你們知道化石有多珍貴了吧？

既然如此，要不要跟我一起去找可以成為化石的東西？
好啊！
我要去！
不知道什麼樣的東西可以變成化石？
ぐちゃっ
※噗嘰
討厭啦！我踩到動物大便了！
好可惜啊！大便很難找的！
竟然不是關心我而是在乎大便？
原本的形狀多漂亮啊！

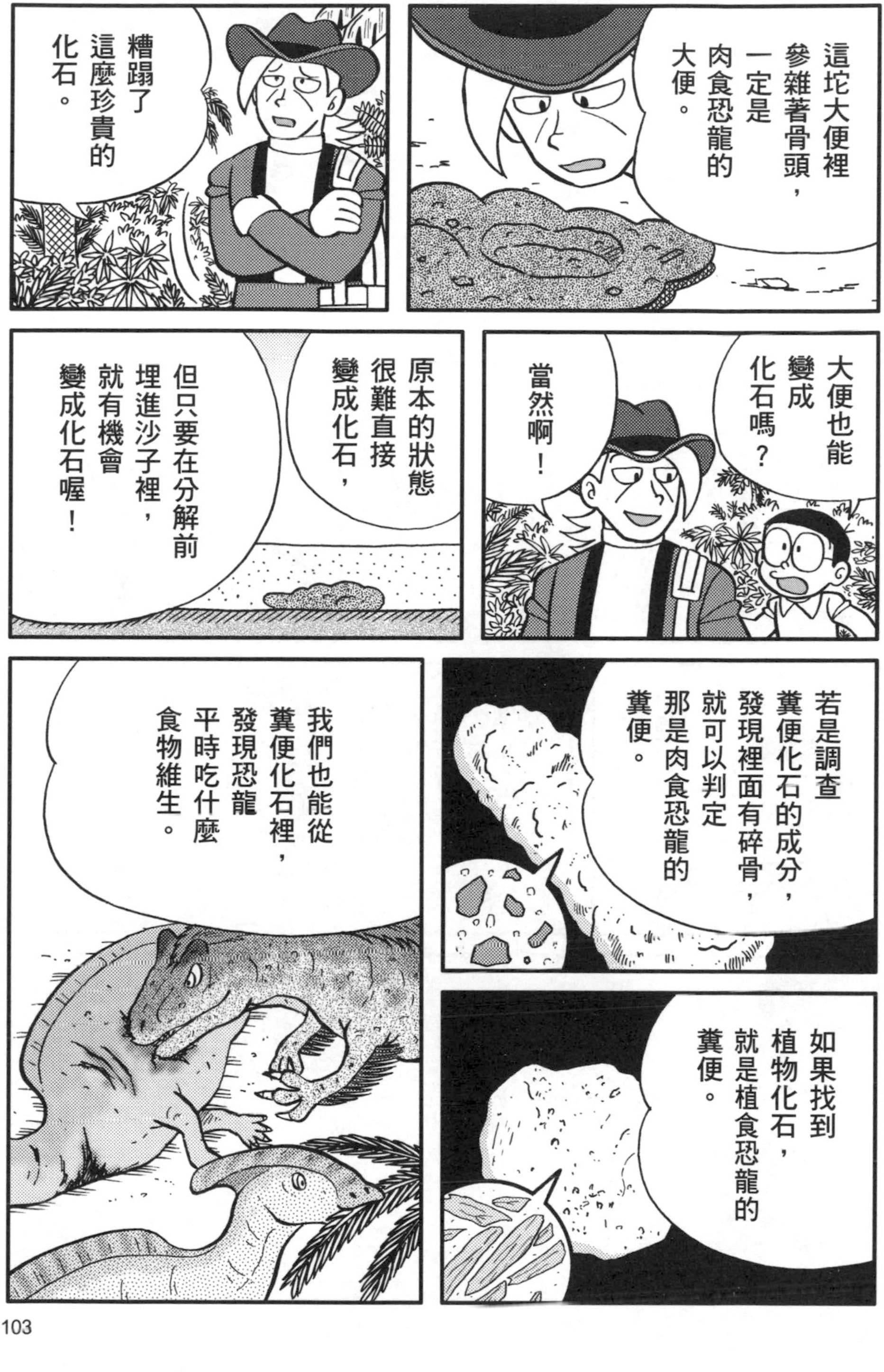
這坨大便裡參雜著骨頭，一定是肉食恐龍的大便。
糟蹋了這麼珍貴的化石。
大便也能變成化石嗎？
當然啊！
原本的狀態很難直接變成化石，
但只要在分解前埋進沙子裡，就有機會變成化石喔！
若是調查糞便化石的成分，發現裡面有碎骨，就可以判定那是肉食恐龍的糞便。
如果找到植物化石，就是植食恐龍的糞便。
我們也能從糞便化石裡，發現恐龍平時吃什麼食物維生。

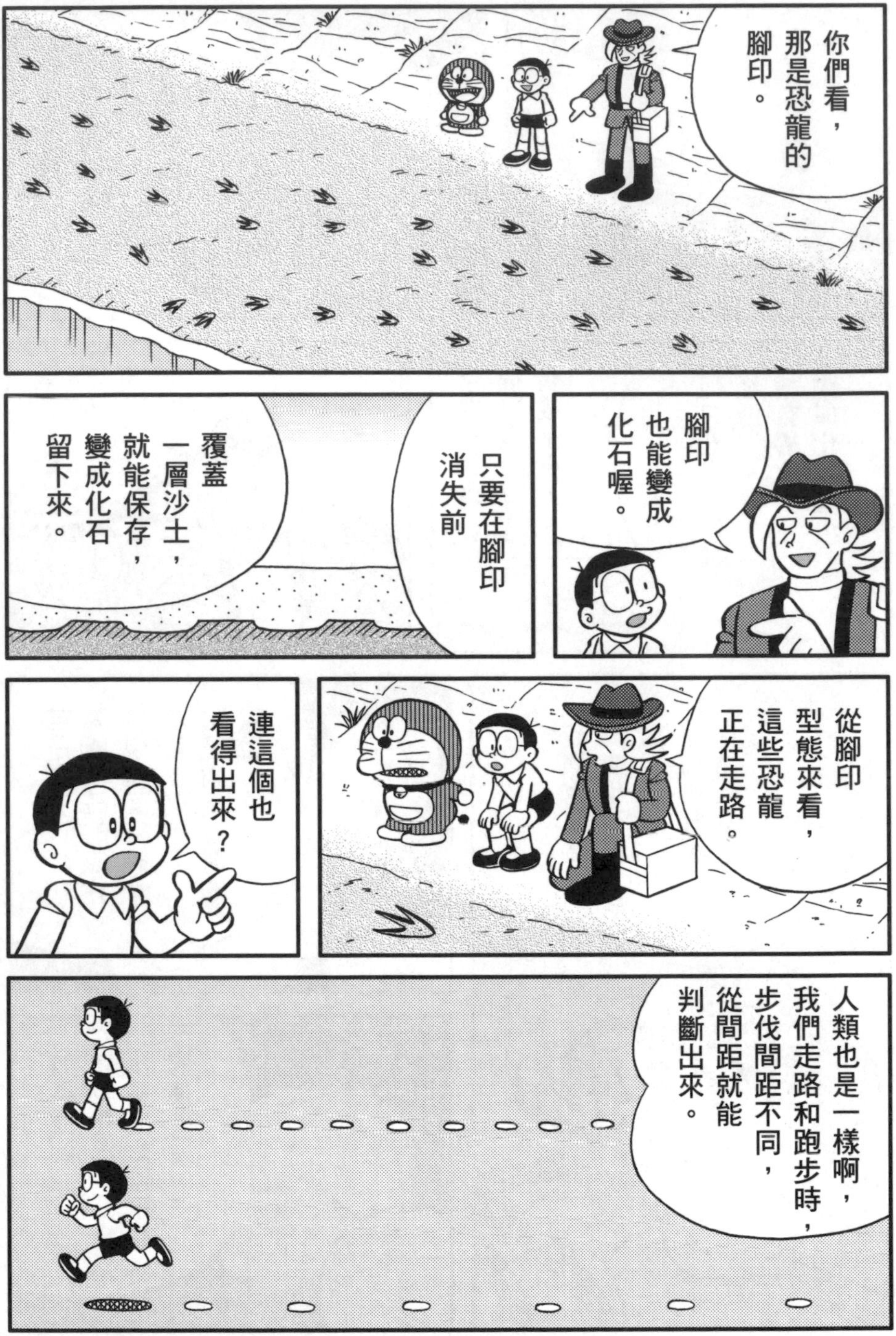
你們看，那是恐龍的腳印。
腳印也能變成化石喔。
只要在腳印消失前
覆蓋一層沙土，就能保存，變成化石留下來。
從腳印型態來看，這些恐龍正在走路。
連這個也看得出來？
人類也是一樣啊，我們走路和跑步時，步伐間距不同，從間距就能判斷出來。

不僅如此，我們還能從腳印發現其他事情。
舉例來說，這些腳印沒有尾巴拖曳的痕跡，
所以這些恐龍走路時會抬起尾巴。
此外，我們也能看出恐龍是
單獨行動或成群一起活動，
腳印透露的資訊比我們想像的還多。
快來看，這裡有一個恐龍留下來的大腳印，
把這個做成化石吧！
也讓我看看！
ズルッ
※絆倒
べちゃ～っ
※滿身泥濘
不會吧！這個腳印很難得耶！

※吼
暴龍與三角龍在決鬥耶！
那隻三角龍還沒長大，還是個小孩。
牠一定會被暴龍打敗。
※咬
太厲害了！

啊！
※大口咬
這一口咬到見骨啊！
那隻三角龍還是個小孩子，你想辦法救救牠。
好。
「空氣砲」。
ドカン
ドカン
※砰、砰
ボン
ボン
※擊中

※轉頭
クルッ
呃！
※噠噠噠
ドドドド
快逃啊！
哇哇！哇哇！
「鬥牛士人偶」。
※啪～
バッ
※颯～

嗅勒！
鬥牛士人偶會把暴龍帶得遠遠的。
那隻三角龍不曉得怎樣了？
嘖！
要是讓那隻三角龍直接被暴龍殺死，我就可以高價賣出三角龍化石了。
算了，放棄那隻三角龍，
改追跑掉的那隻暴龍吧！

「立即治癒傷的貼布」。
牠的傷口很深，可能需要一點時間治療，
不過，不礙事。
可惜頭上折斷的犄角無法復原……
你要早點好起來喔。
※低吼
クゥ〜ン
チョロッ
※小跑步
是一隻小恐龍耶。
大雄，你看。

那是一隻剛孵出來的恐龍。
恐龍也會孵蛋呢。
蛋也會變成化石喔。
不要動！
我是時光巡邏隊，我現在要逮捕你們兩個！
什麼？

你們正打算偷恐龍蛋，對吧？
我們才沒有！
我們只是在旁邊看而已。
原來如此，不好意思，誤會你們了。
嗯嗯
話說回來，為什麼時光巡邏隊會在這裡呢？
我收到情報，說這附近有恐龍獵人，
所以我來巡邏，維持秩序。
恐龍獵人？
恐龍獵人是指，
來自未來，專門捕捉或殺害恐龍的壞人。

你們有看到這樣的人嗎？
我們沒有看到這樣的人。
對了，我們剛剛救了一隻恐龍。
沒事了。一個小時後，牠就會恢復健康。
太好了！
三角龍就交給我照顧，你們趕快回去吧。
好。
對了，
我們要趕緊通知叔叔，這裡出現了恐龍獵人。

他不知道去哪裡了？
※唧～
ギャー
怎麼了？
叔叔。
發生什麼事了嗎？
這隻暴龍遭到電擊棒攻擊！是恐龍獵人做的！
你們知道恐龍獵人？
是時光巡邏隊告訴我們的。
這樣啊，原來時光巡邏隊到這裡來了。

我來通知時光巡邏隊這隻暴龍的事情，
這裡太危險了，你們趕快回去你們的時代。
叔叔，你也要小心安全喔！
這裡太危險了，趕快回去。
啊！
忘了將「縮小燈」還給叔叔。
叔叔。
ビュン
※射擊
咿呀

※電擊
ビビビ
ビビ
※倒地
ドオーン
※竊笑
ニヤッ
叔叔，你是恐龍獵人？

チッ
※嘖！
被你們發現了。
你不是在尋找可以變成化石的骨骸嗎？
沒錯，我要將這隻恐龍變成化石。
你們看，這些都是可以變成頂級化石的材料。
竟然要將活生生的恐龍做成化石，真壞心！
不要動！
既然被你們發現了，我不可能就這樣乖乖讓你們回去。

我想想，該怎麼處置你們才好？
我沒辦法使用百寶袋。
對了，
把你們做成人類與機器貓的化石好了。
什麼？
我才不要咧！

ピクッ
※睜開雙眼
怎麼了？
ポチッ
※按
ドドドドド
※轟轟轟
是泥沙！
哇啊啊啊！
嘿嘿嘿……
真期待你們變成化石的模樣。
救命啊！

※砰
哇！
時光巡邏隊，我們要逮捕你。
你們怎麼找到這裡的？
這隻恐龍循著這位少年的聲音，帶我們找到這裡。

牠完全記得你們曾經幫助過牠，所以趕來報恩。
你恢復健康，真是太好了。
謝謝你救我，
我不會忘記你的。
好了，我送你們回家吧！
你要好好生活喔！
T.P.

大恐龍展
你看！那隻三角龍！
頭上只有一隻犄角！
是那時候遇到的那隻三角龍。
不會吧！
不過，或許真的是牠。
三角龍
發掘地：美國
從那之後，牠長得這麼大啦！看來牠真的過得健康又快樂！
太好了！

●全劇終●

化石之謎 I

化石如何形成？

為什麼人類發現的恐龍化石，包括牙齒與骨頭都跟石頭一樣硬？化石又是如何形成的？

化石是人類了解遠古時代生物的重要線索！

恐龍化石的形成機制

化石形成的方式有很多種，這裡介紹最具代表性的方式。

❶ 死亡的恐龍掉入河裡，由於屍體相當完整，會從肉開始腐爛。

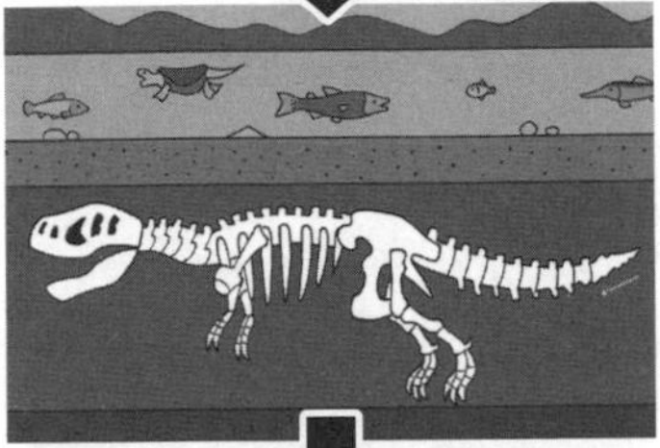

❷ 肉與內臟腐化殆盡後，留下骨頭與牙齒，沉入沙子或泥土裡。

❸ 經過幾千年的時間，沙子與泥土層層累積，使得岩石成分滲入骨骼，產生石化作用。

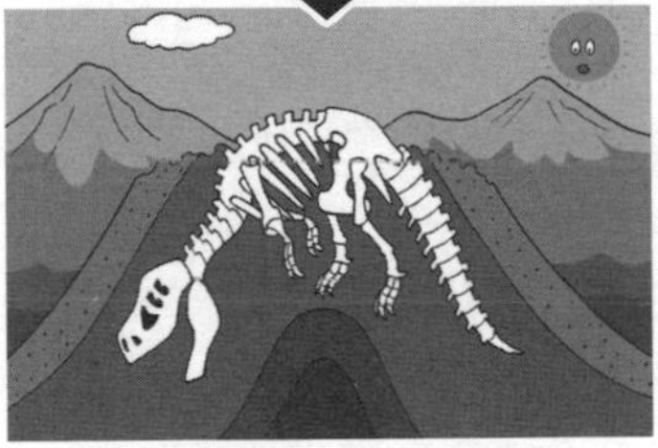

❹ 經過了很長一段時間之後，地面隆起扭曲，導致化石露出地表，被人類發現。

各種化石

化石大多是堅硬且不易分解的牙齒或骨頭，其實只要條件齊備，就連腳印、糞便等軟性物質或生活樣貌也能變成化石，存留至現代。

◁骨頭化石

在漫長時間與強烈壓力的影響下，岩石成分與骨骼成分置換，轉變為骨頭形狀的石頭。

蛋化石▷

排列在恐龍巢穴裡的蛋，完整覆蓋在沙子或火山灰下形成化石。

◁腳印化石

當沙子或泥土堆積在恐龍走過後留下的足跡凹陷處，隨著時間凝固就會形成腳印化石。

化石之謎 II

化石告訴我們的事

明明沒有人親眼看過恐龍，卻能從化石重現恐龍樣貌，這是為什麼？

生物知識總動員！

從牙齒化石了解恐龍的食物，從骨骼化石了解恐龍肌肉的生長型態。此外，若能同時找到植物化石，連生活環境也能探知一二。想要了解恐龍，就要運用所有知識，像名偵探一樣大膽推理唷！

不斷變化的恐龍樣貌

上圖是1850年代根據禽龍化石製作的復原模型圖。模型的鼻尖處有一隻角，1890年代證實那隻角其實是大拇指的爪子。最近的研究更發現這種蹄狀指爪是區分二足步態與四足步態的重要依據。

各種可供推理的素材

不只是牙齒與骨骼，腳印和糞便也是了解恐龍的重要線索！

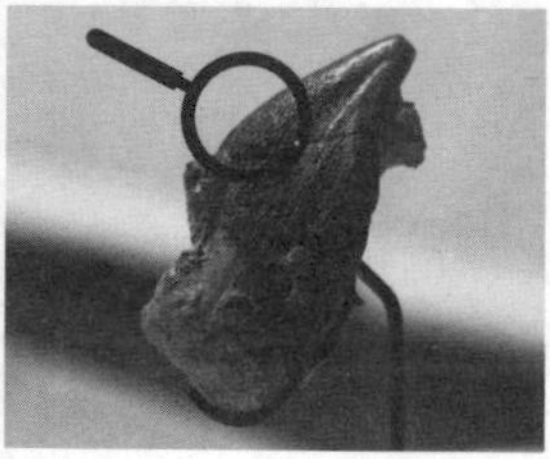

◀牙齒形狀

從牙齒的形狀可以看出是用來撕裂肌肉或磨碎葉子，從中推斷恐龍的食物來源。

腳印排列方式▶

除了看出恐龍腳印的形狀之外，還能掌握步伐間距、跑步方式、體重分配與尾巴用法等。

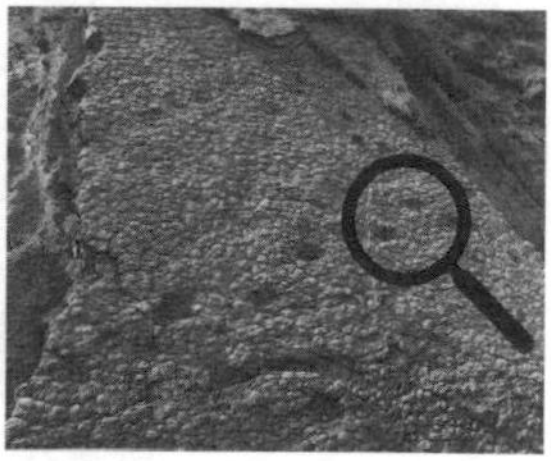

骨骼凹陷處▶

參考現代動物，從骨骼凹凸處正確推斷出恐龍的關節和肌肉的生長型態。

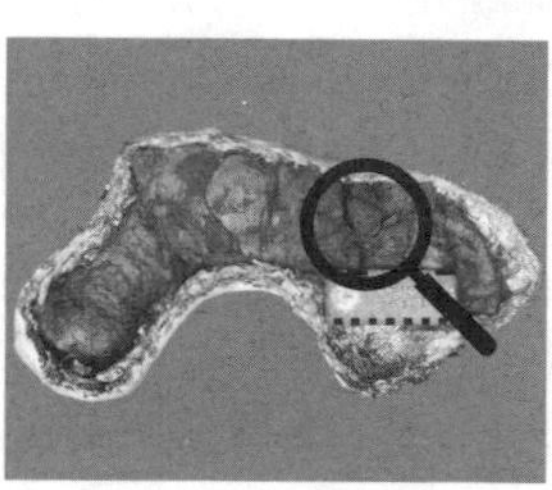

◀糞便化石

研究變成化石的糞便，可以了解恐龍生前吃些什麼。

化石之謎 Ⅲ

人類如何挖出化石？

化石會與周邊的岩石化為一體，究竟該如何挖掘出來？

從發掘化石到展示

一起了解在博物館展示化石的整體流程！

確定發掘地點

熟知化石的專家根據其專業知識與經驗，找到可能有化石的山谷或峭壁，開始發掘作業。

挖出化石

挖開地層，若有發現骨頭的物體，就要仔細的撥開周圍土壤。

挖掘全身

已知此處埋著完整的圓頂龍骨骼，因此展開挖掘作業。

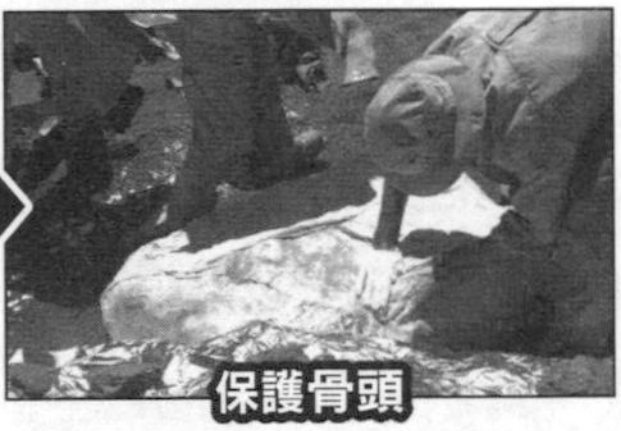

保護骨頭

利用石膏固定或塗上專用樹脂，避免破壞骨頭，順利帶回化石。

抵達博物館！

挖出的骨頭順利抵達即將展示圓頂龍的福井縣立恐龍博物館。

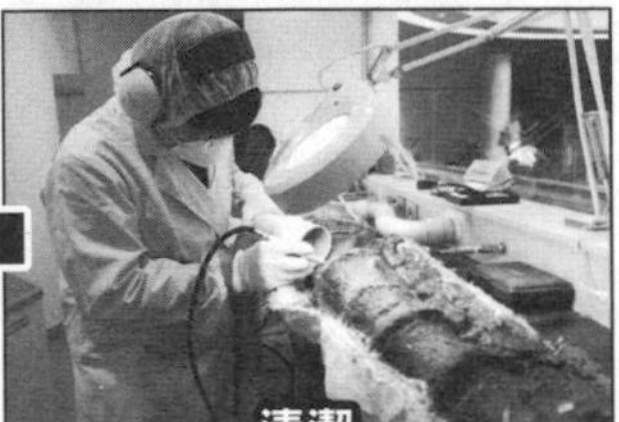

清潔

執行「清潔」作業。使用器具清除附著在骨頭四周的多餘碎石。

展示真正的化石

在組裝真品之前，先利用複製品決定擺出何種姿勢，練習組裝作業。接著仔細進行組裝，避免破壞真品。震撼性十足的圓頂龍展現在眾人眼前！

【參考資料】
小學館圖鑑 NEO《「新版」恐龍》（小學館 2014）
小學館圖鑑 NEO《遠古恐龍》（小學館 2004）
《哆啦 A 夢 不思議科學 Vol.10》（小學館 2013）
《哆啦 A 夢 強化版！不思議科學 Vol.7》（小學館 2015）

插圖製作者 ・ 照片協力者一覽（省略敬稱）
【封底裡】插圖●藤赤正人、杉山真理（恐龍）
【p032】插圖●山本匠（腔骨龍）、杉山真理（插圖）
【p033】插圖●山本聖士（馬拉鱷龍）、服部雅人（板龍）、Fred Wierum / CC BY-SA（艾雷拉龍）、Conty / CC BY（始盜龍）
【p034-p035】插圖● MIPPY（秀尼魚龍）、服部雅人（蜥鱷）、山本匠（沛溫翼龍、隱王獸）、山本聖士（皮氏吐龍）
【p052】插圖●小田隆（圓頂龍）、杉山真理（插圖）
【p053】插圖●藤井康文（劍龍）、小田隆（超龍）、山本匠（異特龍）、風美衣（始祖鳥）
【p086】插圖●山本匠（暴龍）、杉山真理（插圖）
【p087】插圖●山本匠（三角龍、副櫛龍）、風美衣（無齒翼龍）
【p088-089】插圖●山本匠（偷蛋龍、恐爪龍、鴨嘴龍、傷齒龍）、小田隆（甲龍） Denny Navarra / CC BY-SA（棘龍）、Gustavo Monroy-Becerril / CC BY-SA（棘龍剪影）、照片● CC BY-SA 2.0（中華龍鳥的化石）
【p090】插圖●藤井康文（隕石墜落）、杉山真理（滅絕的過程） 照片● PPS 通信社
【p123】插圖●和田隆志（化石形成機制） 照片● shutterstock（骨頭化石）、Gary Todd / CC0（蛋化石）、Greg Willis from Denver, CO, usa / CC BY-SA（腳印化石）
【p124】插圖● CC BY-SA 2.0（禽龍的復原圖） 照片● Herbythyme / CC BY-SA、Poozeum / CC BY-SA、Thesupermat / CC BY-SA、Gvidelock / CC BY-SA
【p125】照片●福井縣立恐龍博物館（發掘地點、挖出化石、挖掘全身、保護骨頭、抵達博物館、展示圓頂龍）、小學館（Clean）
※ 本書記載之內容皆為 2020 年 1 月 27 日之資訊。

哆啦A夢科學大冒險 ❷

穿梭恐龍異時代

- 角色原作／藤子・F・不二雄
- 日文版審訂／富田京一（肉食爬蟲類研究所）
- 漫畫／藤赤正人
- 翻譯／游韻馨
- 台灣版審訂／顏聖紘
- 發行人／王榮文
- 出版發行／遠流出版事業股份有限公司
- 地址：104005 台北市中山北路一段 11 號 13 樓
- 電話：(02)2571-0297 傳真：(02)2571-0197 郵撥：0189456-1
- 著作權顧問／蕭雄淋律師

2020 年 9 月 1 日 初版一刷　2024 年 6 月 5 日 二版二刷

定價／新台幣 299 元（缺頁或破損的書，請寄回更換）

ISBN 978-626-361-652-3

YLib 遠流博識網 http://www.ylib.com E-mail:ylib@ylib.com

ドラえもん ふしぎのサイエンス——恐竜のサイエンス

◎日本小學館正式授權台灣中文版

- 發行所／台灣小學館股份有限公司
- 總經理／齋藤滿
- 產品經理／黃馨瑝
- 責任編輯／李宗幸
- 美術編輯／蘇彩金

※ 本書為 2020 年日本小學館出版的《恐竜のサイエンス》台灣中文版，在台灣經重新審閱、編輯後發行，因此少部分內容與日文版不同，特此聲明。

國家圖書館出版品預行編目(CIP)資料

哆啦A夢科學大冒險. 2：穿梭恐龍異時代 / 日本小學館編輯撰文；
藤子・F・不二雄角色原作；藤赤正人漫畫；游韻馨翻譯. --
二版. -- 臺北市：遠流出版事業股份有限公司, 2024.05
面； 公分. --(哆啦A夢科學大冒險；2)

譯自：ドラえもんふしぎのサイエンス：恐竜のサイエンス
ISBN 978-626-361-652-3(平裝)

1.CST: 科學 2. CST: 漫畫

307.9 113004428

日本也有恐龍化石！

提到恐龍化石，大家想到的就是美國或中國，事實上，日本各地也出土許多化石。在此為各位介紹最具代表性的恐龍化石。

庫頁島

日本龍

1934 年發現的鴨嘴龍科恐龍。當時庫頁島州是日本領土（樺太廳），因此這是日本首次發現恐龍化石，喧騰一時。

影像提供●福井縣立恐龍博物館

北海道鵡川町

神威龍的全身骨骼

2003年在過去曾經是海的地層，挖掘出全身約80%骨骼的鴨嘴龍科恐龍。學名*Kamuysaurus japonicus*的意思是「日本龍神」。

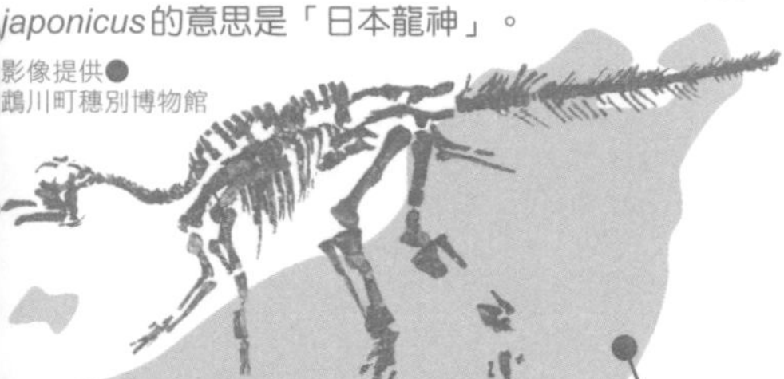

影像提供●
鵡川町穗別博物館

岩手縣岩泉町

蜥腳類的手骨（上腕骨）

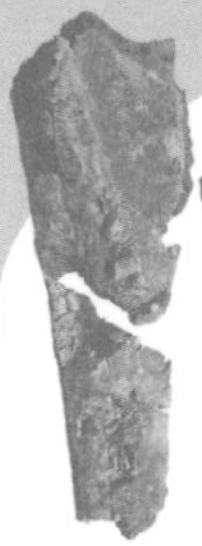

1978 年發現的恐龍化石。由於發現地點是「茂師」，故取名為「茂師龍」。

影像提供●日本國立科學博物館

群馬縣神流町

棘龍類的牙齒

發現於 1994 年。棘龍類的化石大多出土於非洲與歐洲，很難得在日本出土。

影像提供●
群馬縣立自然史博物館

熊本縣御船町

獸腳類的牙齒

1979年日本首次發現的肉食恐龍牙齒。此地區挖出許多獸腳類的牙齒，暱稱為「御船龍」。

石川縣白山市

偷蛋龍類的爪子

發現於1998年，是一個長23mm、厚3mm左右的小型趾骨（指頭前端的骨頭）化石。

影像提供●白山市白峰化石調查中心

富山縣富山市

甲龍類的腳印

發現於2000年，也是第一次在日本發現甲龍類的腳印化石。考古學家在發現地點找到獸腳類與蜥腳類等超過500個腳印化石。

影像提供●富山市科學博物館

福井縣勝山市

福井獵龍的全身骨骼

在2007年的發現調查中，挖出全身約70%骨骼的獸腳類恐龍。

影像提供●福井縣立恐龍博物館

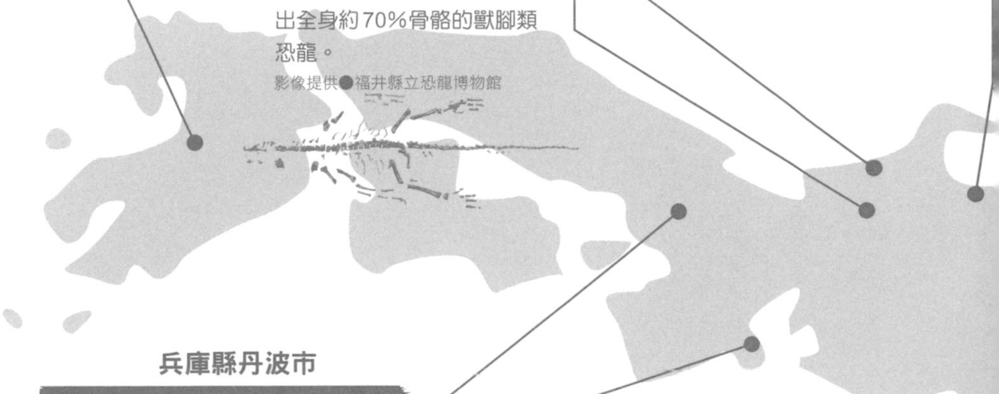

兵庫縣丹波市

蜥腳類丹波龍的部分骨骼

2006年發現於流經丹波市的篠山川河床，肋骨達1.5m左右。「丹波龍」是日本人取的暱稱。

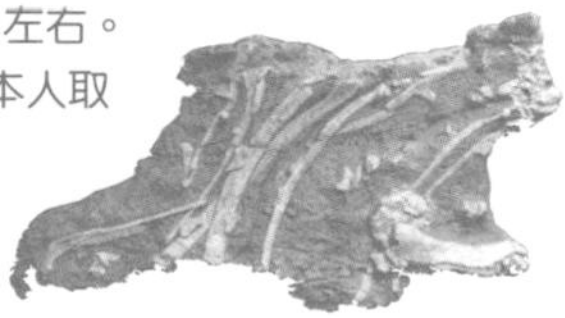

影像提供●兵庫縣立人與自然博物館

三重縣鳥羽市

蜥腳類泰坦巨龍類的腳骨（大腿骨）

1996年不只發現腿骨（大腿骨），還挖出手骨（上腕骨）與尾骨。暱稱「鳥羽龍」。

影像提供●三重縣綜合博物館

▸▸▸▸▸▸▸ 沉睡於日本列島的化石來自何處？◂◂◂◂◂◂◂

日本列島曾與中國所屬的亞洲大陸相連，因此在相連時期棲息在大陸的恐龍化石，就可能在日本被發現。